Ihre digitalen Extras zum Download:

Die folgenden digitalen Extras stehen für Sie zum Download bereit:

- Anleitung für ein Markenmodell: Marken-Matroschka
- Checkliste: Mit welchen Befragungstools komme ich an das innere Kind?

Den Link sowie Ihren Zugangscode finden Sie am Buchende.

How to kill your brand

Markus Küppers / Carmen Schenkel / Oliver Spitzer

How to kill your brand

Das innere Kind als Erfolgsgrundlage für emotionale Marken und Kommunikation

1. Auflage

Haufe Group
Freiburg · München · Stuttgart

Bibliografische Information der Deutschen Nationalbibliothek

Die Deutsche Nationalbibliothek verzeichnet diese Publikation in der Deutschen Nationalbibliografie; detaillierte bibliografische Daten sind im Internet über http://dnb.dnb.de/ abrufbar.

Print: ISBN 978-3-648-14311-7 Bestell-Nr. 10565-0001
ePub: ISBN 978-3-648-14315-5 Bestell-Nr. 10565-0100
ePDF: ISBN 978-3-648-14316-2 Bestell-Nr. 10565-0150

Markus Küppers / Carmen Schenkel / Oliver Spitzer
How to kill your brand
1. Auflage, Februar 2021

www.haufe.de
info@haufe.de

Bildnachweis (Cover): © kosoff, Adobe Stock

Produktmanagement: Judith Banse
Lektorat: Peter Böke

Inhaltsverzeichnis

Geleitwort

von Tor Nørretranders

You are the only one that does not know you
Many years ago, I was struck by a huge surprise when watching myself hosting a monthly science series on Danish television (DR): »Look how incredibly affected I behave when talking on TV – constantly waving my hands, raising my eyebrows, looking stunned,« I said to my friends. »But you're like that all the time,« they responded.

It dawned on me that I was the only person in my circle of acquaintances that did not have a clue as to how I appear from the outside. All I knew was what the world and all the other people in it looked from my inside. I only knew of my own outside from looking into a mirror – and what you see there is a person who is not engaging in social interactions, a kind of mummy-like mask. I realized that I knew less about me than everyone else did.

Trying to understand all of this led to the book »The User Illusion«/»Spüre die Welt« with its theory of the I and the Me: One is not conscious of most of what is going on inside oneself. The conscious I is a somewhat pompous comical CEO, not well-informed about the real state of affairs in the company. The Me, the real operation going on, mostly ignores the self-important I.

You could call that a chilling fact, somewhat disturbing. Or you could call it a very liberating fact.

Years later it also led to the formulation of »Nørretranders' Law of Symmetrical Relief« published on the leading American science website Edge.org: »If you find that most other people, upon closer inspection, seem to be somewhat comical or ludicrous, it is highly probable that most other people find that you are in fact comical or ludicrous. So you don't have to hide it, they already know.«

They all know your inner child. Stop hiding it. Set it free and enjoy.

How to kill your brand will show you how unleashing the inner child will also make sense in your professional life.

Vorwort

»Haufe hat angerufen, wir schreiben das Buch.« Auf diese gute Nachricht folgten Monate des Diskutierens, Skizzierens und Wiederverwerfens. Daneben Marktforschungsprojekte für Kunden, Meetings und, so gut es geht, Privatleben. Dann, nach dem Sommerurlaub, der sich Corona-bedingt nicht wie Urlaub anfühlte, stand schlagartig die natürlich längst bekannte Deadline im Raum, und uns wurde klar: Ein Buch schreibt sich leider nicht dadurch, dass man ganz oft darüber spricht. Dabei gibt es viel zu sagen: Das *innere Kind* ist die zentrale Leitfigur dieses Buches. In den Jahren unserer Arbeit bei *september Strategie & Forschung* haben wir gelernt, dass Menschen nicht einfach nur Entscheidungen treffen. Zu einem Produkt oder einer Marke zu greifen, ist das Ergebnis eines spannungsvollen, auch kreativen Prozesses im Inneren der Psyche. Diesen zu verstehen und sichtbar zu machen und in praktische Empfehlungen zu übersetzen, ist unsere Mission. Ob durch tiefenpsychologische Methoden, repräsentative Studien oder psychophysiologische Verfahren: das Ziel ist das gleiche – zu verstehen, was Menschen umtreibt und wie sie wahrnehmen.

Das erfordert allerdings auch Einblicke in das eigene Selbstverständnis. Wer kann Verbraucher verstehen, ohne sich selbst zu verstehen? Oft gleicht unsere Arbeit einer Mischung aus Goldschürfen, Beichte und Zahnarztbesuch. Erkenne Dich selbst: das ist bei uns kein Sprichwort, sondern gelebtes Handwerk und übrigens Einstellungskriterium. Dieses Buch soll daher nicht nur die Essenz unserer Erfahrung widerspiegeln, sondern durch die Anekdoten und Geschichten auch den Spaß und die Leidenschaft reflektieren, die wir für unsere Arbeit mitbringen und erleben. Obwohl Fachbuch, ist dieses Buch sowohl Erlebnisbericht unserer Geschichte als *september* als auch der Anfang einer spannenden Entwicklung, wo auch immer sie uns hinführt. Let's go.

1 Fehler Nr. 1: Huldige dem Homo oeconomicus

1.1 Die Abkehr vom Menschenbild des Homo oeconomicus

Die drei Kränkungen der Menschheit

Die Menschheit hatte es nie besonders leicht. Nicht nur diverse umweltbedingte Einflüsse wie Eiszeiten, Dürren, Vulkanausbrüche und vieles mehr machten das Fortkommen und die Entwicklung hin zu dem, was wir heute sind, äußerst mühsam. Aber da gab und gibt es eine Erschwernis, die im großen Rahmen der menschlichen Evolution gerne übersehen wird: Der Mensch stand sich ganz oft selbst im Weg, und zwar in Form seines übergroßen Egos. Bahnbrechende Erkenntnisse im Laufe der Zeit wollte die Menschheit einfach nicht wahrhaben, und oft zog sie die arrogante Sicherheit dem Dunkel der unheimlichen Unkenntnis vor. Und so sprach Sigmund Freud in einem Aufsatz von 1917 von den drei Kränkungen der Menschheit, die trotz ihrer offensichtlichen wissenschaftlichen Beweislage den menschlichen Stolz so stark verletzt haben, dass man sie lange nicht wahrhaben wollte – und häufig bis heute nicht wahrhaben will.

Die ersten zwei Kränkungen sind schnell erzählt. Die kopernikanische Erkenntnis, dass die Erde nicht Mittelpunkt des Universums ist, war der Menschheit lange Zeit ein Dorn im Auge. Die zweite Kränkung betrifft die Abstammung des Menschen vom Tier, die Darwin 1899 in seinem Werk »Die Entstehung der Arten« dargelegt hat. Der Zoologe Oskar Heinroth legte hier noch eine Extrakränkung drauf: Nicht nur unser Körperbau stammt vom Affen ab, sondern auch unser Verhalten! Es fällt uns also schwer zu begreifen, dass wir (in Freuds Worten) »nicht Herr im eigenen Haus« sind. Dementsprechend feindselig wurden die neuen Entdeckungen auch aufgenommen.

Die dritte Kränkung ist die, um die es in diesem Buch im Wesentlichen geht: die psychologische Kränkung durch das Unbewusste. Die Konfrontation mit etwas in uns, das Entscheidungen über unseren Kopf hinweg trifft und uns zu »Marionetten unseres Unbewussten« macht, wie es oft heißt. Die Erkenntnis, dass der Mensch nicht aus der Ratio und in voller Kenntnis seiner Beweggründe heraus Entscheidungen trifft, sondern gesteuert von »dunklen Kräften«, die in ihm selbst liegen, ist auch heute noch den meisten nicht ganz geheuer. Vor dem Hintergrund der Aufklärung, die in alles Licht und Transparenz bringen und so erklärbar machen wollte, kam die Behauptung einer wie auch immer gelagerten inneren Autorität nicht so gut an – eine Autorität, die einen eigenen Willen zu besitzen schien und die unseren Verstand einfach übertölpeln kann. Das durfte nicht sein! Zumal da nicht nur eine unkontrollierbare Instanz war, sondern gleich zwei: Freuds Es und Über-Ich. Insbesondere seine Ausführungen zu Libido und Destrudo, dem Lust- und Todestrieb, strapazierten das souveräne Ego seiner Zeitgenossen so stark, dass seine Erkenntnisse äußerst polarisierend wirkten. Bis heute.[1]

Wie der Homo oeconomicus vor Starbucks kapituliert

Marketing, und damit Markforschung, ist ein Spiegel der Entwicklung von Akzeptanz und Reaktanz der gängigen Menschenbilder. Der amerikanische Marketing-Papst Philip Kotler und sein verlängerter akademischer Arm in Deutschland, Heribert Meffert, definierten Marketing als Wissenschaft, in der allenfalls die experimentelle Psychologie einen Platz hatte und in der stets von »Bedürfniserfüllung« die Rede war. Diese Sichtweise geht einher mit der volkswirtschaftlichen Betrachtung des Menschen als Homo oeconomicus. Spötter erzählen sich, die Überreste des Homo oeconomicus seien beim Bau des ersten Kasinos in Las Vegas gefunden worden. In Wahrheit ist der Homo oeconomicus ein Erklärungsmodell für menschliches Entscheidungsverhalten. Er ist ein Konstrukt, das Menschen und insbesondere Verbraucher als Wesen versteht, die Bedürfnisse präzise erkennen und sie dann möglichst effizient und effektiv erfüllen. Dem Preis als Marketingmaßnahme (eines der vier »P« in Kotlers Marketingmix aus Price, Promotion, Product und Place) kommt im Rahmen dieses Menschenbildes ein besonderer Stellenwert zu, ist er doch für den Homo oeconomicus eine relevante Stellschraube in der zielstrebigen Erfüllung seiner Bedürfnisse. Was die Volkswirtschaftslehre nach und nach mit dem Zweig der Behavioral Economics beschrieb (um das Irrationale im Menschen zu erklären), fand in der Betriebswirtschaftslehre und im Marketing Berücksichtigung unter dem Schlagwort »emotional Need«. Der Homo oeconomicus würde bei Starbucks angesichts des Preises für einen Venti Latte wahrscheinlich einen Nervenzusammenbruch erleiden.

Der »emotional need« bezeichnet also alles, was Menschen an komischen Bedürfnissen verspüren, die über Durst, Hunger etc. hinausgehen. Das emotionale Bedürfnis ist so etwas wie die »bad bank« des Marketings. Hier findet alles Platz, was nicht rational erklärt werden kann.

In Briefingformularen an Agenturen hat der »emotional need« (oder »emotional insight«) seinen festen Platz, gleich neben dem »functional need«.[2] Die Trennung zwi-

1 Sascha Lobo postulierte anlässlich der Enthüllungen durch Edward Snowden die vierte, digitale, Kränkung.

2 Procter & Gamble wird die »Erfindung« der häufig verwendeten Briefing- und Konzeptstruktur »Insight«, »Benefit« und »Reason-to-believe« oder auch »Reason Why« zugesprochen. Das darin zugrunde liegende Narrativ folgt der Logik, dass der Benefit (= Vorteil, Mehrwert) des Produkts auf ein entsprechendes Bedürfnis antworten muss. Als letzter Baustein gibt der Reason-to-believe die Antwort darauf, wie glaubwürdig oder transparent dieser Mehrwert zustande kommt. Marketer und Agenturen folgen dieser bewährten Struktur seit Jahrzehnten – zu Recht, da sie den Entscheider zwingt, präzise zu formulieren, welche Daseinsberechtigung das Produkt im Kopf bzw. Leben des Verbrauchers hat. Das heißt aber nicht, dass sie nicht verbesserbar wäre.

schen rational/funktional und emotional ist der etablierte Versuch, der Hybris des Konsumenten habhaft zu werden. Irgendwie muss das irrationale Element mit aufgenommen werden! Die Auffassung der Ratio/Emotio-Dualität hält sich hartnäckig, z. B. in Bildern wie rechte/linke Gehirnhälfte, Kopf/Bauch u. v. m. Diese Sichtweise ist auch heute noch sehr populär, erklärt aber nicht, nach welchen Kriterien oder Prozessen Ratio und Emotio bei Entscheidungen zusammenkommen. Welche Instanz ist relevanter und hat bei Entscheidungen die Oberhand? Woraus bestehen Konflikte zwischen Kopf und Bauch? Sind rationale und emotionale Bedürfnisse immer konträr? Es gibt viele offene Fragen. Und so stehen »emotional need« und »functional need« in Briefings nebeneinander wie Geschwister, die bei der Geburt getrennt wurden.

1.2 Das überholte Prinzip der Transparenz

»Um Emotionen kümmert sich meine Frau, ich verkaufe Schrauben.«
Emotionale Verbraucherbedürfnisse wurden lange Zeit geleugnet, und noch heute tun sich insbesondere in technischen oder B2B-Bereichen Entscheider schwer, emotionale Bedürfnisse überhaupt anzuerkennen. Daher rührt auch das Zitat eines baden-württembergischen Schraubenherstellers. Ihre Existenz und auch Notwendigkeit hat sich zwar mittlerweile im Marketingumfeld vieler Anbieter herumgesprochen (und die »big spender« gehen ganz selbstverständlich damit um), aber das heißt noch lange nicht, dass alle darunter das Gleiche verstehen. »Emotional needs« erfahren in der Marketingpraxis eine oft unerträgliche Vereinfachung. Wo kommt diese Vereinfachung her und was ist damit genau gemeint?

Die Vereinfachung von emotionalen Bedürfnissen leitet sich ab aus der fatalen *Verwechslung von Emotionen und Gefühlen*. Emotionen, so wird jeder Mensch bestätigen, sind bewusst erlebbar, auch wenn tatsächlich Gefühle gemeint sind. Und Gefühle sind, nun ja, fühlbar. Wer lacht, weint, trauert oder eifersüchtig ist, der erkennt das auch. Der amerikanische Wissenschaftsautor Malcolm Gladwell diskutiert dies in seinem Buch »Talking to Strangers« unter dem Stichwort »Transparency«: Transparenz ist ein (u. a. durch ihn erneut widerlegter) Glaube, dass Menschen das, was sie fühlen, durch ihr Verhalten und ihre Mimik nach außen verständlich transportieren und für jedermann lesbar machen. Schuldige Menschen sehen schuldig aus, unschuldige eben unschuldig, voilà. Das passt hervorragend zum Menschenbild des vorhersehbaren, transparenten Homo oeconomicus.

Abb. 1: Der amerikanische Wissenschaftsautor Malcolm Gladwell (Quelle: Flickr, Foto: Kris Krüg)

Denn wenn der Mensch schon Emotionen hat, dann versteht man sie auch. Daher sind diejenigen Emotionen, die man Verbrauchern unterstellt, denkbar simpel. Beispielsweise wurde in unzähligen Produktkonzepten der vergangenen Jahre und Jahrzehnte Verbrauchern »Freude«, »Neugier« oder das Bedürfnis nach »Abwechslung« und »Lifestyle« unterstellt – abgesehen davon, dass es sich bei diesen Dingen oftmals gar nicht um Gefühle oder gar Emotionen handelt, sondern allenfalls um »emotionale Zustände«, die ein Neuprodukt bedienen soll. Kann ein Brotaufstrich das Bedürfnis nach Freude erfüllen, oder handelt es sich um etwas anderes? Und, wenn ja, ist das nicht ein wenig zu hoch gegriffen? Und wenn wieder ja, machen das andere Brotaufstriche nicht auch? Die Überdramatisierung und Generalisierung völlig basaler emotionaler Bedürfnisse, die ein Produkt oder eine Marke angeblich bewirkt, führt in Marktforschungsuntersuchungen zuverlässig zu Abstoßungsreaktionen (Reaktanz) durch Verbraucher, die das Ganze als Marketing-Sprech demaskieren.[3] Erschwerend kommt hinzu, dass das Prinzip der (zurecht) von Gladwell in Frage gestellten Transparenz immer noch allzu häufig das »guiding principle« der Marktforschung ist. Menschen wird die Fähigkeit zugesprochen, fundiert über ihre emotionalen Bedürfnisse zu sprechen. Das treibt seltsame Blüten, wenn z. B. Verbraucher in Gruppendiskussionen behaup-

3 Es ist heute ein übliches Problem, dass das Testen von Produktkonzepten zu falschen Entscheidungen führt, was multiple Ursachen hat. Die häufigste Ursache ist die Verwechslung von Konzeptablehnung mit Produktidee-Ablehnung. Befragte Verbraucher können eine gute Idee nicht akzeptieren, wenn sie schlecht formuliert ist. Umgekehrt passiert es seltener: Eine schlechte Idee kann auch durch eine gute Formulierung nicht begeistern.

ten, stets die Rückseite von neuen Lebensmittelprodukten durchzulesen oder immer mit Blick auf das Preis-Leistungs-Verhältnis zu kaufen. Marketing-Entscheider reagieren auf diese Aussagen schon mal mit Erleichterung, weil die inhärente Logik solcher Konsumentenprozesse so nachvollziehbar, so transparent klingt. Der Verbraucher ist also doch kein Rätsel! Aber wie der amerikanische Journalist Henry Louis Mencken formulierte: »There is always a well-known solution to every human problem — neat, plausible, and wrong.« Der Geist des Homo oeconomicus, er ist noch nicht ganz ausgetrieben.

Plädoyer für Menschenbilder

Unter den prominenten Fürsprechern des aufgeklärten Menschenbilds des Homo oeconomicus ist der Australier Byron Sharp, der den rational gesteuerten Menschen zum neuen (alten) Ideal erhebt. Seine Argumentation findet in der Marketingszene breites Gehör, polarisiert aber auch. Seine Ausführungen zum »evidence-based Marketing« beinhalten die offene Kritik am Konstrukt des emotionalen Benefits von Marken und Produkten. Er verwendet in Vorträgen den Begriff der »Psycho Babble«, des psychologischen Gewäschs in Gruppendiskussionen: Psycho Babble ist nach Sharp das, was Verbraucher in Gruppendiskussionen mit esoterischen Worten als ihr seelisches Innenleben beschreiben, wenn sie an Marke X denken. Der spöttische Unterton kommt daher, dass er offenbar glaubt, dass diese allzu blumige Verbrauchersprache eher dem eigenen Antrieb entspringt, sich selbst reden zu hören, als der authentischen Wiedergabe von empfundenen Markenbedürfnissen. Und damit liegt er manchmal gar nicht so falsch.

»Psycho Babble« ist mit Sicherheit ein Problem, das wir im Methodenteil in den Kapiteln 4 und 5 aufgreifen. Festzuhalten ist aber dies: Nur weil es inkompetente psychologische Moderatoren und Analystinnen gibt, kann man nicht die Existenz seelischer Bedürfnisse als Ganzes in Abrede stellen.

Nun kann man Sharp für sein Menschenbild kritisieren. Aber man muss ihm zugutehalten, dass er überhaupt eines hat und sich wenigstens eine Vorstellung davon macht, wie der Konsument tickt. Die gängige Unschärfe, was »emotional needs« sind und wie Menschen Produkte und Marken wahrnehmen, führt im Zweifel zu generischen oder irrelevanten Produkten und oberflächlicher Kommunikation. Denn gar kein Menschenbild zu haben, macht Marketing zu einem Blindflug voller Überraschungen, da Entscheider nicht wissen, wie die qualitativen und quantitativen Informationen aus Research-Projekten zu interpretieren sind. Die Ergebnisse mögen spannend sein, aber eben äußerst willkürlich.

»Wenn man ein Hammer ist, sieht alles aus wie ein Nagel.«

Dieser Werbespruch zierte vor Jahren die Website eines Hamburger Marktforschungsinstituts. Er sollte als plakativer Beleg dienen für die Engstirnigkeit, die sich aus der

Festlegung auf ein Menschenbild ergibt. Und es stimmt: Wer sich auf ein Menschenbild festlegt, schließt damit andere Menschenbilder aus. Aber die Festlegung darauf, wie Menschen grundsätzlich »ticken«, ermöglicht eine fokussierte Herangehensweise an Positionierungen und Botschaften. Wie soll man beispielsweise aus den Wortprotokollen von 50 tiefenpsychologisch befragten Marktforschungsteilnehmerinnen und -teilnehmern (das sind etwa 700 DIN-A4-Seiten) schlau werden, wenn man nicht weiß, worauf es bei der Auswertung ankommt – getreu dem Goethe-Zitat »Man sieht nur, was man weiß«. Und das, was man findet, muss man dann erst einmal einordnen und priorisieren – eine Aufgabe, die ohne Menschenbild nicht funktioniert. Wenn das Marketing Entscheidungen auf einer bestimmten Annahme darüber fällt, wie Menschen ticken, ist es ratsam, diese Annahmen transparent zu machen und sich für ein Menschenbild zu entscheiden.

1.3 Ohne Customer Centricity geht es nicht

Good mothers have dirty floors

Wir befinden uns auf einem Marketing-Workshop an einem heißen Sommertag im Juli. Der Brand-Manager eines deutschen Herstellers von Reinigungstools klagt, während er sich den Schweiß von der Stirn wischt, dass man ja tolle Produktideen mit den faszinierendsten Mechanismen in der Schublade habe, aber dass die Benefits dieser Produkte immer gleich klingen. So habe man also über die Zeit nahezu identische Produktkonzepte produziert, die sich lediglich in der Produktbeschreibung unterscheiden. Stets geht es in der Beschreibung des Insights und des Benefits um Zeitersparnis, Bequemlichkeit oder ein besseres Putzergebnis. Mit Produkt X kann man die gleiche Arbeit entweder besser machen bzw. schneller oder sie weniger aufwendig erledigen. Die Konzepte würden austauschbarer, und in Tests reagierten die Konsumenten auch immer weniger positiv. Das Marketing wolle »emotional differenzierendere« Konzepte schreiben, um die Produkte »uniquer« zu positionieren. Dazu fehle es den Produktmanagern aber an Fantasie.

Was ist hier das Problem, das der Brand-Manager beklagt? Liegt es daran, dass dem Hersteller die Produktideen ausgehen? Oder dass Verbraucher einfach nur diese drei Bedürfnisse haben? Nein und nein. Das Spektrum der Bedürfnisse, die neue Reinigungsprodukte erfüllen, ist zu eng gefasst. Die »emotional needs« bzw. Insights sind in der bisherigen Denke unterrepräsentiert. Zeitersparnis und Arbeitserleichterung sind streng genommen nicht besonders emotional und, wo wir schon dabei sind, auch nicht universal. Manche Menschen putzen z. B. gerne und investieren Zeit, weil sie sich dann endlich mal auf eine Sache konzentrieren können. Sie wollen sich am Putzen »abarbeiten«. Dann geht es um Psychohygiene, dann darf die Arbeit nicht leicht von der Hand gehen. Mindestens ebenso relevant sind die Konflikte, die sich aus dem Versprechen von Zeitersparnis und Arbeitserleichterung an neuer Stelle ergeben. Viele haben kraft ihrer Sozialisation immer noch das Problem, dass sie ihren Selbstwert ein Stück weit über die geleistete Putzarbeit definieren.[4] Geht es zu schnell und einfach, empfinden das bestimmte Zielgruppen als unzulässige Abkürzung: So kann das Ergebnis ja nicht gut werden, und was für eine Hausfrau, was für ein Hausmann bin ich dann? Wieder andere Konsumentinnen und Konsumenten wollen nur so schnell wie möglich fertig werden, weil sie entweder vielbeschäftigt sind oder einfach nur das Putzen hassen. Diese Menschen akzeptieren Abkürzungen, solange das Reinigungsergebnis mit Duft und Glanz das implizite schlechte Gewissen, nicht ordentlich geputzt zu haben, kompensiert. Das Beispiel zeigt: Selbst dem äußerlich so trivialen Umfeld wie dem Putzen wohnt eine emotionale Dramaturgie inne, die nicht nur eine differenzierte Betrachtung unterschiedlicher Gruppen erforderlich macht, sondern das lineare Denken vom Bedürfnis zum Benefit schwer macht, weil Verbraucher Konflikte haben. Sie möchten das eine und gleichzeitig das andere. Sie möchten z. B. ein sauberes Ergebnis, aber gleichzeitig ein gutes Gewissen, auch wenn sie eigentlich eine Abkürzung suchen. Andere brauchen das Gefühl, am Ende des Putzens ausgepowert zu sein – für sie wäre eine Abkürzung völlig kontraproduktiv!

Was der Hersteller von Reinigungstools eigentlich beklagt, ist zum Ersten das Fehlen eines Menschenbildes: Nach welchen psychologischen Algorithmen funktioniert der Verbraucher? Worauf ist bei der Produktpositionierung zu achten? Zum Zweiten hat man (als Konsequenz aus dem fehlenden Menschenbild) in der Vergangenheit nicht die richtigen Fragen gestellt. Wenn in Forschungsprojekten Verbraucher befragt wurden, was an spezifischen Reinigungsprodukten relevant und attraktiv ist (und was nicht), hat man bei den Antworten »Zeitersparnis«, »Arbeitserleichterung« und »besseres Ergebnis« offenbar Halt gemacht – viel zu früh, wie sich herausstellt. Man ist dem Paradigma der Transparenz gefolgt: Was Menschen als Bedürfnis formulieren, das empfinden sie auch. Mehr zu fragen würde heißen, sie unsachgemäß zu beeinflussen.

Aus der kleinen Geschichte ergeben sich zwei wichtige Konsequenzen:

Zum Ersten brauchen Markenverantwortliche ein Menschenbild, und möglichst eines, das nicht Homo oeconomicus heißt . Zum Zweiten müssen sie wissen, wie sie an die »emotional needs« herankommen und die richtigen Fragen stellen, weil der Mensch sich nun mal nicht transparent verhält.

4 In vielen Produktbereichen werden Werte und Normen von Generation zu Generation weitergereicht. Der Anspruch an unbedingte Sauberkeit wurde in der Vergangenheit besonders typisch von der Mutter auf die Tochter übertragen, verbunden mit der Verknüpfung von gelebter Sauberkeit und Selbstwert als Hausfrau. Das öffnete im Laufe der Nachkriegsgeschichte die Schere zwischen Ansprüchen und Realität, da die Bereitschaft, sich für die Haushaltshygiene »aufzuopfern«, zunehmend nachgelassen hat bzw. vehement abgelehnt wird. Entsprechend populär in solchen Haushalten sind heute affirmative Schilder mit dem entlastenden Spruch: Good mothers have dirty floors … and happy kids.

Schlaflose Nächte

Die dritte Konsequenz versteckt sich etwas zwischen den Zeilen und gehört streng genommen in ein eigenes Buch. Das (falsche) Paradigma der Transparenz, das sich aus dem Menschenbild des Homo oeconomicus ergibt, hat eine tagtägliche negative Konsequenz für die Marketingarbeit. Wie zuvor schon erwähnt, ist es üblich, für neue Produkt- oder Kommunikationsideen ein Verbalkonzept zu schreiben, das im ersten Abschnitt einen Insight oder Customer Insight aufführt. In vielen Marketingabteilungen, insbesondere denen, die sich »Customer Centricity« auf die Fahnen schreiben (oft FMCG-Branchen[5]), soll dieser Insight ein emotionales, möglichst unbewusstes – und damit überraschendes – Motiv widerspiegeln. Der zweite Abschnitt, der Benefit, soll diesen Insight dann bedienen. Dahinter steckt die Annahme, dass unbewusste Insights umso mächtigere Verhaltenstrigger sind, als sie sich der verstandesmäßigen Kontrolle entziehen. Und hier tut sich ein großes Paradoxon auf: Würde man einem Konsumenten oder einer Konsumentin einen wahren unbewussten Insight präsentieren, wäre die Wahrscheinlichkeit groß, dass diesem Insight in einem Konzepttest energisch widersprochen wird. Aber warum? Wer kann sich dem Reiz des Unbewussten schon entziehen?

Die Antwort liegt auf der Hand: Dinge sind unbewusst, weil die Psyche sie sich nicht bewusst machen *will*. Es hat einen Grund, warum Motive verdrängt werden. Meistens dann, wenn sie dem Ego abträglich sind, d. h. dass man sie sich nicht eingestehen möchte. So würde die Mutter eines Säuglings beispielsweise alles für ihr Kind tun – das ist eine Binsenweisheit. Sie möchte aber auch einmal durchschlafen. Denn Mutter zu sein, ist auch mit Schlaf schon schwer, aber ohne Schlaf fast nicht zu schaffen.[6] Eine Pampers-Windel, die das Baby möglichst lange schlafen lässt, auch wenn sie voll ist, müsste demnach ein Erfolg sein (ist sie auch). Aber trug das ursprüngliche Konzept, das die Produktidee beschreibt, den Insight, dass man als Mutter einfach mal schlafen möchte? Procter & Gamble fand heraus, dass dies zwar ein Bomben-Insight ist, man ihn den Müttern aber um Himmelswillen nicht unter die Nase reiben darf. Denn die meisten Mütter verbieten es sich, egoistische Bedürfnisse anzuerkennen, wenn sie dabei nicht das Bild der perfekten Mutter abgeben oder dies irgendwie zu Lasten des Babys gehen könnte. Und so darf es nicht sein, dass die Windel eines Babys nachts nicht sofort gewechselt wird, wenn sie voll ist, weil das Baby sich dann unwohl fühlen könnte, die Babyhaut gereizt wird usw. Der »offizielle« Insight betonte daher die Nachtruhe des Kindes und die Frage, wie wichtig Schlaf für die Entwicklung ist. Kein Wort vom Vorteil für die Mutter. Aber die Psyche ist schlau: Das Unterbewusstsein der Mütter liest aus dem Benefit der Durchschlaf-Windel Ego-Vorteile heraus, auch wenn sie nur indirekt angedeutet sind.

5 Fast Moving Consumer Goods (FMCG).

6 Es soll angeblich Babys geben, die durchschlafen.

Und so wurde die Kommunikation auf einen zweischichtigen Insight gestellt: der »offizielle« emotionale, sehr bewusste Insight des Kindeswohls, dem keine Mutter widerspricht. Und der versteckte, aber umso mächtigere Ego-Insight für die Mutter, der dringend benötigter Schlaf fehlt.

Ein unbewusster Insight kann daher extrem wirksam sein, er darf aber nicht das Licht der Welt erblicken, getreu dem Motto: Unbewusstes muss unbewusst bleiben. Das Wichtige ist, dass der Benefit des Produkts einen mächtigen unbewussten Insight triggert und dieser Insight nicht thematisiert wird. Da aber das Insight-Feld im Konzeptformular ausgefüllt werden muss, mühen sich Scharen von Produktmanagern seit Jahrzehnten ab, Insights zu finden, die sie nachvollziehen können (also bewusst sind) und die einigermaßen auf den Benefit des Produkts passen. Die Folge: generische, relativ erwartbare Insights – genau das, was der Brand-Manager des Herstellers von Reinigungstools beklagte.

Traumhafte Insights

Als Sigmund Freud 1899 seine »Traumdeutung« veröffentlichte, legte er darin die Blaupause fest, wie ca. 120 Jahre später unbewusste Insights für Produktkonzepte wirken. Laut Freud befasst sich das Unbewusste im Traum mit verborgenen, auch verbotenen, Sehnsüchten und Wünschen. Ein Traum ist in diesem Sinne eine bis zur Unkenntlichkeit codierte Wunscherfüllung. Der manifeste Trauminhalt, also das, was man beim Aufwachen erinnert (und was so selten Sinn ergibt), ist, so Freud, eine verfremdende Übersetzung des latenten Trauminhalts, also der Geschichte vom unbewussten Wunsch.

Abb. 2: Sigmund Freud (Quelle: Wikimedia, Foto: Max Halberstadt, 1921)

Geträumte Bilder und latente Trauminhalte sind in dieser Hinsicht zwei Darstellungen der gleichen Sache; die eine bewusst akzeptabel, die andere verboten und verdrängt. Der gute Kinderschlaf auf der offensichtlichen Traumbild-Seite und das dringende, aber moralisch schwierige Ego-Motiv der Mutter auf der Sehnsuchtsseite: Es scheint, als hätte Freud die Herausforderungen des Marketings im 21. Jahrhundert vorhergesehen. Egal, ob Träume die Funktion der Wunscherfüllung oder (wie viele Psychologen mittlerweile glauben) auch die Funktion der Konfliktbewältigung erfüllen: Die *Dualität des Traumes* ist eine nützliche Herangehensweise an die Entwicklung von Kommunikation, sofern man sich mit der Macht des Unbewussten beschäftigt.

Und schon sind wir mitten drin in einem Menschenbild, das dem Homo oeconomicus komplett zuwiderläuft.

Summary zu Kapitel 1

!

In der Marketingarbeit ist es wichtig, ein Menschenbild zu haben, um das Verbraucherverhalten besser einzuordnen und zu verstehen. Das Menschenbild des Homo oeconomicus eignet sich nicht, da es die Irrationalität von Verbrauchern nicht erklären kann, denn der Mensch gehorcht emotionalen Bedürfnissen, die sich mit dem utilitaristisch geprägten Verstand allein nicht nachvollziehen lassen. Unter dem Namen »Emotional Needs« oder »Emotional Insights« haben diese Bedürfnisse im Marketing zwar ihren Platz, aber sie werden in der betrieblichen Praxis häufig unzulässig vereinfacht und verallgemeinert dargestellt. Denn es wird zu oft davon ausgegangen, dass Emotionen – wie Gefühle – nachvollziehbar sind und sich bewusst erfassen lassen. Deshalb tut sich das Marketing immer noch schwer, Motive zu identifizieren, die sich dem Bewusstsein der Verbraucher entziehen. Die Folge sind häufig triviale, generische Produkt- und Kommunikationskonzepte. Dabei sind unbewusste Insights mächtige Erfolgstreiber, solange sie (analog zu den latenten Trauminhalten Freuds) unterhalb der bewussten Wahrnehmungsschwelle gespielt werden.

2 Fehler Nr. 2: Ignoriere das innere Kind in Deinen Kunden

2.1 Einführung in die Dualität des Menschen

Peter Fox und das zweite Gesicht

Daniel Levitin, amerikanisch-kanadischer Neuropsychologe und Musiker, erzählte in der *New York Times* von seiner denkwürdigen Erinnerung an einen Personenaufzug. Beim Betreten fiel ihm auf, dass alle Etagenknöpfe leuchteten – als ob ein Kind Spaß daran gehabt hätte, wahllos auf alle Knöpfe zu drücken. In diesem Moment erinnerte sich Levitin sehr deutlich daran, dass er das als Kind auch getan hatte, und wunderte sich: »Meine Erinnerung daran, zehn Jahre alt zu sein, ist klarer als die Erinnerung an Dinge vor zehn Tagen.« Und das, obwohl seine Kindheit viele Jahrzehnte zurück liegt.

Abb. 3: Die Fahrstuhlknöpfe leuchten, als hätte ein Kind wahllos auf alle Knöpfe gedrückt (Quelle: Unsplash, Foto: Arisa Chattasa)

Wir tragen die Erkenntnis mit uns herum, dass Erinnerungen mit der Zeit nun mal verblassen. Die meisten Menschen sind davon überzeugt, dass kindliche Erfahrungen mit dem Alter verschwimmen und verschwinden. Aber es gibt ganz andere Einflüsse auf die *Lebendigkeit der Erinnerungen*. Neurowissenschaftliche Erkenntnisse widerlegen schon längst die Theorie des Alterns der Erinnerungen. Und ganz persönliche

Erfahrungen auch: Wenn Dinge dem Vergessen zum Opfer fallen, weil man altert, dann dürfte es nicht sein, dass ältere Menschen sich an Dinge aus ihrer Kindheit erinnern, die viele Jahrzehnte in ihrem Kopf »verschollen« waren. Kindheitserinnerungen altern nicht, sondern sie werden verdrängt, überlagert.

Konkret wird die Erinnerung an unsere Kindheit häufig durch Düfte und Melodien getriggert. Wer hat nicht schon einmal ein vergessen geglaubtes Lied wiedererkannt, verbunden mit der präzisen Erinnerung an das Wo und Wann dieses Erlebnisses in der Kindheit? Einer unserer Studienteilnehmer berichtete lebhaft von einer Erinnerung in der Lobby eines Moskauer Hotels, in dem der gleiche Song gespielt wurde wie in den 80er Jahren (»Halleluja« von Milk & Honey) im Tanagra-Theater des Phantasialands bei Köln, des besten Vergnügungsparks aller Zeiten. Die Erinnerung an sich sei schon überraschend gewesen, hatte er doch das Lied und überhaupt das ganze Tanagra-Theater komplett vergessen. Aber das plötzliche Zurückversetztsein in die Kindheit fühlte sich völlig real an – einschließlich der kindlichen Faszination und den Emotionen – und ein bisschen gruselig, weil (wie der Teilnehmer berichtete) er in diesem Moment seinen Emotionen völlig ausgeliefert war.

Was die beleuchteten Etagenknöpfe in Levitins Aufzug betrifft, so bleibt ungewiss, ob ein Kind oder tatsächlich ein Erwachsener alle Knöpfe gedrückt hatte. Erwachsene ertappen sich nicht selten bei kindlichen (dann oft kindischen) Handlungen, vor allem wenn sie sich unbeobachtet fühlen. Die Liste der kindlichen Handlungen, derer man sich als Erwachsener vielleicht schämen würde, ist lang: Lauthals einen Radiosong im Auto mitsingen, sich vor Spinnen erschrecken, mit den Händen essen (obwohl es Besteck gibt), Kekse in Kaffee aufweichen, den Teddybär von damals im Bett haben, über ganz dumme Witze lachen – eine Aufzählung wäre endlos. Aber es gibt auch eine andere, eine dunkle Seite. Da sind nämlich auch unzählige literarische und sprachliche Referenzen (das sogenannte Doppelgängermotiv, vermutlich zurückgehend auf Dostojewskis Klassiker »Der Doppelgänger«) auf ein abgründiges Wesen in uns, eine zweite dunkle Natur, die unser Verstand nicht kontrolliert und deshalb fürchtet: Stevensons »Dr. Jekyll und Mr. Hyde«, Wildes »Das Bildnis des Dorian Gray«, Gogols »Die Nase« bis hin zu Peter Fox‹ Song »Das zweite Gesicht« zeigen den Einfluss dieses Sujets auf die Literatur und den gesellschaftlichen Kontext.

Abb. 4: Dr. Jekyll und Mr. Hyde (Quelle: National Printing & Engraving Company, Chicago)

Die unbewusste Macht, ob sie sich nun von ihrer kindlichen oder abgründigen Seite zeigt oder beides, scheint eine eigene Agenda zu haben – und diese Agenda muss von unserem Verstand häufig kontrolliert und gezähmt werden, damit wir lebens- und alltagsfähig sind. Der Mensch steht, wortwörtlich, unter Spannung. Konflikte zwischen der unbewussten Kraft und dem bewussten Verstand sind offensichtlich Stoff für zahlreiche Geschichten. Würde es weiterer Belege bedürfen, ließen sich psychiatrische Krankheitsbilder anführen wie z. B. »multiple Persönlichkeiten«, »Schizophrenie« bzw. »Borderline«, die eindrücklich zeigen, dass der Mensch ein konfliktgeladenes Wesen ist und diese Konflikte sogar krank machen können.

Ich denke, also bin ich

Der dänische Wissenschaftsautor Tor Nørretranders ist ein unterhaltsamer Mann, der bei seinen Vorträgen sichtlich Spaß daran hat, die Zuhörerinnen und Zuhörer zuerst zu verwirren, dann aufzuklären und sich an ihrem Staunen zu erfreuen. Sein vor ca. 30 Jahren veröffentlichtes Grundlagenwerk »The User Illusion« (deutsch: »Spüre die Welt«) erklärt nichts weniger als die Grundzüge der menschlichen Psyche. Er beschreibt sie als Heimat zweier Bewohner, Me und I.

Abb. 5: Tor Nørretranders (Quelle: Tor Nørretranders, Foto: Andreas Bergmann)

Me und I spiegeln das erwähnte Doppelgängermotiv bzw. die Dualität der Psyche wider. Da ist zum einen das I, das Nørretranders die Benutzeroberfläche des Menschen nennt. Es ist das Bewusstsein, das eine sehr begrenzte Aufnahmekapazität besitzt. Von den geschätzten 11 Millionen Bits pro Sekunde, die wie ein Stakkato als Eindrücke in unser Gehirn über unsere Sinne eindringen, kann das I, ähnlich einem Scheinwerferkegel, nur lächerliche 7 Bits bewusst verarbeiten,[7] der Rest versinkt zu jedem gegebenen Moment in Dunkelheit. Verarbeiteten wir alle 11 Millionen Bits bewusst, so würden wir unter einem epileptischen Daueranfall leiden. Nørretranders beschreibt, dass das I das, was wir »Realität« nennen, gar nicht unmittelbar wahrnimmt, sondern mit einer Verzögerung von einer halben Sekunde zu »Wirklichkeit« rekonstruiert. Das I setzt die Wirklichkeit aus den scheinwerferhaften Eindrücken der Realität zusammen. Bis sich das I so ein Bild gemacht hat, dauert es also – auch wenn (und das ist das Erstaunliche) der Mensch sich das nicht bewusst macht, und das ist auch besser so. Wir alle haben den Eindruck, dass wir alles in Realtime erkennen und verarbeiten. Wir glauben also, dass wir »in sync« mit der Realität sind, aber es vergeht eine halbe Sekunde, von der wir nichts wissen. Das ist ein wenig unheimlich. Aber dazu später.

Das derart begrenzte I verarbeitet nicht nur Eindrücke, sondern bewertet sie auch. Das I vergleicht diese Eindrücke mit unseren anerzogenen Normen und Werten und fungiert gleichzeitig als unser Gewissen. Brüche in der Wahrnehmung werden gleich-

7 In der neurowissenschaftlichen Literatur ist auch von bis zu 40 Bits die Rede.

sam »gekittet«.[8] Da das I sehr stark abhängig ist von Sozialisation, Erziehung und Zeitgeist, sind die Orientierungsbilder des I auch immer gesellschaftlich beeinflusst, je nachdem was in den aktuellen Jahrzehnten gerade angesagt ist. War Rauchen in den 90er Jahren noch cool, ist es heute eher ein Zeichen von Willensschwäche.

Abb. 6: Tom Selleck, Schwarm der 80er (Quelle: Getty Images, Silver Screen Collection)

Die dicht bewachsene Männerbrust à la Tom Selleck aus der TV-Serie »Magnum« war vielen als Symbol männlichster Männlichkeit erstrebenswert, aber heute steht sie allenfalls für Wildwuchs und Unkultiviertheit. Das I macht sich Rollenerwartungen zu eigen, genauso wie Vorstellungen darüber, was man darf und was nicht.

Wir halten fest, das I ist komplex: Zum einen ist es eine *informationsverarbeitende* Instanz (wenn auch mit geringer Bandbreite, und langsam dazu), zum anderen eine *informationsbewertende* Instanz, orientiert am Wertesystem und internalisierten Fremderwartungen.

8 Die Gestaltpsychologie befasst sich ausführlich mit dieser Realitätskittung. Das berühmteste Beispiel ist der Kreis mit der Lücke, den wir spontan als Kreis in seiner Ganzheit erkennen.

Um auf die drei Kränkungen des Menschen zurückzukommen: Die Erkenntnis des Unbewussten, das sich unserer Kontrolle entzieht, ist deshalb so kränkend, weil der Mensch nur sein I von sich wahrnimmt bzw. wahrnehmen kann. »Ich denke, also bin ich«, das berühmte Zitat von René Descartes, beschreibt diese Wahrnehmung treffend. Wenn wir meinen, unser Königreich und unsere Realität zu kennen und zu beherrschen, muss jeder unbeleuchtete Fleck unsere Souveränität in Frage stellen: Wenn wir nicht alles über uns wissen, wissen wir dann überhaupt etwas? Der Homo oeconomicus ist dann die unmittelbare Folge. Wir müssen ein wenig Nachsicht mit uns haben. Zu akzeptieren, dass da noch mehr ist als wir, ist ein ungeheurer intellektueller Kraftakt. Ohne ihn bleibt das Verständnis des Verbrauchers massiv erschwert. Akzeptieren wir, dass da noch mehr ist, von dem wir aber nicht wissen, was, begeben wir uns auf eine Reise, von der wir nicht wissen, wo sie endet. Wir stoßen auf den »Black Swan«, basierend auf dem gleichnamigen Buch von Nassim Nicholas Taleb. Frei interpretiert handelt es sich um das, von dem wir nicht wussten, dass wir es nicht wissen. Das Ziel ist es also, den schwarzen Schwan zu fangen und ihn eingehend zu studieren.

2.2 Die verborgene Seite des Kunden

Tors Ass im Ärmel

Wir wären ziemlich langweilige Menschen, wenn wir nur aus dem I bestünden. Wir wären Wesen, die linear ihre Bedürfnisse kennen, formulieren und nach ihrer Erfüllung streben. Wir würden unsere Grenzen kennen und, rational wie wir sind, auch einhalten. Wir würden eigene wie auch Erwartungen anderer erfüllen wollen, denn das I ist unser Gewissen. Also kein Daneben-Benehmen, kein Schwips, keine peinlichen Szenen. Möglicherweise gäbe es auch keine Kriminalität, was gut wäre. Auf der anderen Seite gäbe es dann aber auch keine Spannung, keine Aufregung und keine Überraschungen.

Marketer hätten in einer Welt des I keine Probleme, Produkte für ihre Kunden zu designen, denn alle Bedürfnisse wären ja bekannt und rational nachvollziehbar. Dann bräuchten wir vielleicht auch keine Werbung, wozu auch? In einem transparenten System braucht man kein Storytelling, denn das Ende ist ja absehbar, weil der Mensch absehbar ist.

Aber Gottseidank ist es ja nicht so. Denn Tor Nørretranders hat noch ein Ass im Ärmel.

Er beschreibt auch den Gegenpart des I, das Me. Das Me ist der Kern unserer Existenz. Während das I sich im Laufe der Evolution weiterentwickelte,[9] blieb das Me im Wesentlichen, wie es war. Auch das Me ist komplex, denn es hat eine *informationsverarbeitende* und eine *informationsbewertende* Seite. Die Informationsverarbeitung ist atemberaubend. Das Me ist in der Lage, sämtliche Eindrücke wahrzunehmen und einer Bewertung zu unterziehen. Nur entscheidet das Me in den allermeisten Fällen, Eindrücke zu ignorieren. Die Stuhllehne, die auf unseren Rücken drückt, das Verkehrsrauschen, das wir nicht mehr wahrnehmen oder die Schrift, die in großen Lettern auf der Rückseite des Lkw steht, hinter dem wir herfahren – aber nicht in der Lage sind, sie später zu erinnern, weil wir sie nicht bewusst (mit dem I) wahrgenommen haben.

Das Me entscheidet, welche Eindrücke zur bewussten Verarbeitung zugelassen werden. Diese Erkenntnis, die von anderen Autorinnen und Wissenschaftlern erst in den letzten Jahrzehnten bestätigt wurde, ist revolutionär vor dem Hintergrund des Homo oeconomicus.[10] Da ist etwas in uns, das durch unsere Augen blickt und Entscheidungen trifft, worüber wir nachdenken werden und worüber nicht. Daniel Berlyne und andere Autoren beschreiben, nach welchen Kriterien dies geschieht, also nach Gefahrenpotenzial des Reizes, der Intensität usw. Das Konzept der Orientierungsreaktion beinhaltet beispielsweise die willentlich ungesteuerte Fokussierung unserer Aufmerksamkeit auf laute Einzelgeräusche. Aber das ist noch längst nicht alles: Das Me filtert und bewertet nicht nur, es trifft auch eigenständige Entscheidungen, und zwar ständig!

Warum der Gute immer gewinnt

Das Me trifft Entscheidungen, die im Laufe der Entwicklung zuvor vom I gelernt und mit der Zeit vom Me übernommen wurden. Würden wir jedes Mal über das Autofahren bewusst nachdenken, wir würden unweigerlich den Verkehr lahmlegen. Wer sich an die Fahrschule zurückerinnert, weiß noch, wie überfordernd das war, ständig Gas, Bremse, Kupplung und den Verkehr um uns herum im Auge zu behalten. Irgendwann gingen diese Prozesse in das Me über und automatisierten sich. Aber ganz so automatisch geschieht Autofahren nicht, denn der Verkehr ist immer anders. Das Me ist so intelligent, dass es auf den Verkehr optimal reagiert, ohne das I zu behelligen. Das funktioniert so gut, dass wir beim Fahren an ganz andere Dinge denken können.[11] Lei-

9 Wollte man den psychischen Instanzen Orte zuweisen (was zu Recht sehr umstritten ist), so wäre der Neokortex am ehesten Sitz des I. Er ist das entwicklungsgeschichtlich jüngste Gehirnareal und das in der Evolution am schnellsten expandierende.

10 Einer der bekanntesten Wissenschaftler, der diese Auffassung über die Wahrnehmungsorganisation stützt, ist der Nobelpreisträger für Wirtschaft, Daniel Kahneman mit seinem Buch »Schnelles Denken, langsames Denken«. Der Unterschied zwischen Nørretranders und Kahneman liegt hauptsächlich darin, dass Tor Nørretranders dem Me und I (bei Kahneman System 1 und 2) nicht nur die Funktion der Informationsverarbeitung zuspricht, sondern auch jeweils eine eigene Agenda.

11 Nicht wenige Menschen sind beim Einparken so unsicher, dass sie dies dem Me allein nicht überlassen können. Dann schalten sie das Radio ab, weil sie die I-Kapazitäten zum Einparken brauchen.

der kann man sich beim Fahren so sehr entspannen (weil das Me ja fährt), dass man vergisst, alte Me-Routinen zu überschreiben. Wenn man beispielsweise ausnahmsweise auf dem Heimweg noch beim Bäcker vorbeifahren wollte: Das Me merkt sich diese Information nicht, und wenn das I sie vergisst, kommt man eben ohne Brot nach Hause, und das ist ärgerlich. Sich auf sein Me zu verlassen, kann einen in ganz schön schwierige Situationen bringen.

Das Me entscheidet nicht nur ständig, es reagiert auch schneller. Gerade in Situationen, in denen es brenzlig wird, verlassen wir uns auf das Me, das blitzschnell einem Fußgänger ausweichen kann. Würden wir uns im Verkehr auf das I verlassen, wir wären verlassen. Das Me ist überlebenswichtig. Wir brauchen also beides: I und Me.

Eine Geschichte aus der Welt der Genies kann die Rolle des Me und des I hervorragend illustrieren – sie ist u. a. in Tor Nørretranders Buch nachzulesen. Der Physiker Niels Bohr ist bekannt für seine Quantentheorie, die er gegenüber Albert Einstein (»Gott würfelt nicht«) erfolgreich verteidigte. Davon abgesehen war er in seiner Freizeit auch ein brillanter Psychologe. In einem der vielen Ausflüge ins Kino mit seinen Studenten, die ihm immer mühsam den Hergang der Story erklären mussten (weil er merkwürdigerweise begriffsstutzig war, was Filmhandlungen betraf), stellte sich der Theoretiker Bohr eine Frage: Warum gewinnt in Westernduellen eigentlich immer der Gute? Diese Frage ist übrigens ein hervorragender Stoff für Partygespräche. Seine Antwort ist so einfach wie überraschend.

Abb. 7: Cowboys im Duell, bei denen der Gute immer gewinnt (Quelle: Pixabay, Foto: Glavo)

Der Böse ist bekanntlich der Aggressor, der immer angreift und zuerst zieht. Das macht ihn ja so böse. Der Gute verteidigt sich stets, sonst wäre er nicht der Gute. Während der Böse also die bewusste Entscheidung trifft zu ziehen und seinen Muskeln willentlich vorschreibt, wie und wann sie nach der Waffe zu greifen haben, reagiert der Gute lediglich, denn er muss sich ja verteidigen. Und hier liegt die Erklärung: die willentliche Entscheidung des Angreifers wird gesteuert vom langsamen I, während der Gute reflexartig mit seinem Me darauf antwortet. Deshalb gewinnt im Western immer der Gute. Das Genie Niels Bohr war übrigens noch Kind genug, die Theorie mit seinen Studenten auszuprobieren – Gott sei dank mit Spielzeugpistolen.

Das Märchen vom Lügen

Wer hat nicht schon einmal von der TV-Serie »Dr. House« gehört? Vom extravaganten Diagnose-Experten, der jede noch so unwahrscheinliche Krankheit erkennt und heilt? Von ihm stammt das Zitat: »Jeder Patient lügt«. In einem flammenden Plädoyer für die eigenen Befragungsmethoden warb vor nicht allzu langer Zeit ein Marktforschungsanbieter mit dem abgewandelten Satz »Jeder Proband lügt«. Aber ist das so? Was haben wir denn hier für ein Menschenbild, in dem alle nur lügen?

Um diese Frage näher zu beleuchten, müssen wir etwas ausholen und kehren dazu noch einmal zurück zum Autofahren, bei dem das Me die Vorgänge des Fahrens weitgehend automatisiert, ähnlich wie es beim Guten im Western das Revolverziehen automatisiert. Das Me trifft meistens die richtigen Entscheidungen. Aber was, wenn nicht? Wer schon einmal dem Verkehrspsychologen einen Besuch abgestattet hat, weiß vielleicht, dass die Frage »Warum sind Sie da zu schnell gefahren?« nicht wirklich zu beantworten ist. Weil wir es nicht wissen bzw. wissen können. Unser Me weiß es, aber das kann man nicht so direkt befragen. Und so antwortet das I anstelle des Me: »Weil ich es eilig hatte.« Ob das stimmt, ist bei notorischen Rasern zweifelhaft – so oft kann man es gar nicht eilig haben. Es ist wahrscheinlicher, dass das Me sich dem Geschwindigkeitsrausch hingab bzw. dem Machtgefühl, immer schneller zu fahren und andere dabei zu überholen. Es ist wahrscheinlicher, dass das Me sich über Geschwindigkeitsbegrenzungen hinwegsetzen und spüren wollte, wie gut es sich anfühlt, die eigenen Regeln über fremde Regeln zu stellen. Das Me hat eine eigene Agenda und diese hat wenig zu tun mit dem guten Willen des I. Man kann sich qua Einsicht diese Agenda, diese Motive bewusst machen. Aber sein Verhalten zu ändern, wenn es streckenweise vom Me kontrolliert wird, ist äußerst schwierig. Der Volksmund nennt das »den inneren Schweinehund überwinden«. Das kann das I nur mit viel Hilfe und Training, Einsicht allein reicht in der Regel nicht. Und obwohl das Me in unzähligen Fällen unser Überleben sichert, so ist der Preis aus Sicht des I hoch: Wir müssen zähneknirschend akzeptieren, dass das Me im Grunde die Macht hat, zu tun und zu lassen, was es will.

Die Geschichte vom Gespräch mit dem Verkehrspsychologen beinhaltet eine interessante Erkenntnis über das Lügen bzw. das Nicht-Wahrhaben-Können: Wann immer das I Verhalten begründen muss, für das das Me ursprünglich war, kommt das I in eine Zwickmühle. Wie soll es eine Handlung erklären, bei der es zum jeweiligen Zeitpunkt gar nicht anwesend war?[12] Also greift das I zum plausibelsten Grund: Warum bin ich zu schnell gefahren? *Weil ich es eilig hatte.* Wir müssen erkennen, dass das Konzept der eingangs erwähnten »Transparenz« nichts anderes ist, als der armselige Versuch des I, das Verhalten des Me zu erklären. Und dabei handelt es sich nicht notwendigerweise um eine Lüge. Denn das Eilig-Argument wird in dem Moment geglaubt, in dem es ausgesprochen wird, um fortan in das Narrativ übernommen zu werden. Es eilig gehabt zu haben, ist nicht nur auf den ersten Blick ein nachvollziehbares Motiv. Es ist auch nobel. Denn es eilig zu haben, ist im westlichen Kulturkreis ein Zeichen für respektables Beschäftigtsein.[13]

In diesem Sinne führt Nørretranders aus: »The lesson we learn [...] is that the I lies like crazy to create a coherent picture of something it does not understand in the slightest.«

Das I lügt, aber das fühlt sich beim Tun und vor allem im Nachhinein nicht so an. In unserer Marktforschungspraxis begegnen wir täglich Verbrauchern, die auf die Frage nach dem »Warum« eines Kaufs eine Erklärung abliefern, die so nachvollziehbar wie falsch ist. Schlimmer noch als die Versuche, Käufe zu begründen, sind die Versuche, Nicht-Käufe zu begründen. Spätestens hier müssen wir uns der Wahrheit stellen, dass man dem I, unserer Benutzeroberfläche, solche Fragen nicht stellen sollte, *weil es sie nicht beantworten kann.* Das Ergebnis sind daher häufig fabrizierte Narrative – aber keine Lügen. Nennen wir sie eher Schönfärbereien, Illusionen oder Geschichten. Das I erzählt sich und anderen Geschichten, die Sinn ergeben und die sich ehrenvoll anhören. Es strebt nach Brüche freien Darstellungen, um den Eindruck von Kontrolle zu erzeugen – Kontrolle, die das I so oft nicht besitzt.

Wir hatten uns gefragt, was in der halben Sekunde geschieht, die das I braucht, um die Realität zu (subjektiver) Wirklichkeit zu verarbeiten. Diese Zeit braucht das I, diese Geschichten zu produzieren. Dazu muss es erst die Handlungen im Rückblick bewerten, mit dem Wertesystem abgleichen und sich dann etwas ausdenken, das plausibel und gut erscheint. Mehr noch: Die Me-Motive sind von hohem Egoismus geprägt, ohne Betrachtung der sozialen Akzeptanz (dafür ist das I zuständig). Die Me-Motive sind daher meist nicht salonfähig. Analog zu den latenten Traumgedanken und dem egoistischen Bedürfnis der Mutter nach Schlaf im Windel-Beispiel bemüht sich das I, diese Motive

12 Im Amerikanischen nennt man das Phänomen auch »The lights are on, but nobody's home«.
13 Die wortwörtliche englische Übersetzung für »Beschäftigtsein« ist übrigens »business«.

nicht wahrzuhaben, sie zu *verdrängen*. Die Geschichten des I sind daher auch immer eine Überspielung der Me-Motive. Das I ist daher als Simultanübersetzer des Me mit eigener Agenda zu verstehen, um die Me-Motive möglichst akzeptabel zu verpacken. Es ist ein bisschen wie die Geschichte vom Dolmetscher, der in der Übersetzung zwischen Chruschtschow und Eisenhower immer die Worte ausließ, die den aufbrausenden Chruschtschow hätten zu sehr aufregen können.[14]

Der freie Wille: ein Mythos?

Gibt es also einen freien Willen oder sind wir alle doch nur Marionetten einer verborgenen Macht in uns? Hier gibt es immer viel Kritik: »Werbung manipuliert uns! Wir werden gegen unseren Willen beeinflusst!« Es ist ein alter Vorwurf, dass Verbraucher am medialen Nasenring durch die Konsumarena gezogen werden. Aber die Antwort auf die Frage nach dem freien Willen spiegelt streng genommen die Einstellung des Fragenden selbst wider. Wer sich manipuliert fühlt, scheint nicht zu akzeptieren, dass der Mensch aus Me *und* I besteht. Akzeptierten wir das Me nicht, weil wir es nicht sehen oder hören, dann wären wir in der Tat Marionetten. Dann wäre das, was wir als »Wir« definieren, nur die Hälfte von uns, also unser I. Dann wären wir ein Homo oeconomicus (und manche Menschen glauben das auch gerne von sich, weil sie sich dadurch »rational« fühlen). Akzeptieren wir aber das Me in uns und versuchen wir, es im Zusammenspiel mit unserem I ganzheitlich zu verstehen, dann sind wir immer am Ursprung unserer Entscheidungen, egal ob Me oder I. Die Entscheidungsfindung und das Nachvollziehen der Entscheidungen wird nur etwas komplexer. Mit anderen Worten: Je *simpler* das Verständnis der eigenen Psyche, desto *manipulierter* und *ohnmächtiger* fühlen wir uns. Je eher wir akzeptieren, dass das Doppelgängermotiv in uns allen steckt, desto eher erkennen wir, dass Werbung nichts erreichen kann, was unser Me nicht will.

Wir tun nicht, was wir wollen, sondern wir wollen, was wir tun. !

Ein Beitrag von Dr. rer medic Daniel Schneider, wissenschaftlicher Leiter bei september Strategie & Forschung GmbH

Es ist längst kein Geheimnis der kognitiven Neurowissenschaften mehr, dass unser Unterbewusstsein einen starken Einfluss auf unser Verhalten hat. Implizite emotionale Prozesse bestimmen maßgeblich unsere Wahrnehmung, Gedächtnisleistung, Entscheidungsfindung, unser Risikoverhalten und unsere sozialen Präferenzen. Sie haben ihren Ursprung im Zentrum unseres Gehirns, den Basalganglien und dem limbischen System, und laufen automatisiert ab. Obwohl diese Prozesse wesentlich darüber entscheiden, wie wir unsere Umwelt wahrnehmen, bewerten und mit ihr interagieren, bekommen wir davon häufig gar nichts mit. Stehen wir beispielsweise vor einer Kaufentscheidung, haben wir uns schon längst entschieden; die bewusste Wahrnehmung eines emotionalen Zustands und die Rationalisierung

14 Diese Geschichte ist überliefert, aber belastbare Beweise gibt es für sie ebenso wenig wie dafür, dass Chruschtschow 1960 mit dem Schuh auf das UN-Pult gehämmert habe.

unserer Entscheidungen passieren erst im Nachhinein. Die beiden Systeme Me und I konnten auch auf neurofunktioneller Ebene nachgewiesen werden. Die mit dem I verbundenen Hirnregionen (Kognition), vor allem die Bereiche der Großhirnrinde, sind strukturell und funktional unabhängig vom größtenteils subkortikalen Emotionsnetzwerk, das mit Prozessen des Me assoziiert ist. Zahlreiche Studien konnten zeigen, dass selbst das spontane Spiegeln eines emotionalen Gesichtsausdrucks (»emotional contagion«) auch dann möglich ist, wenn Teilnehmerinnen und Teilnehmern ein Bild dieses Gesichtsausdrucks unter der Wahrnehmungsschwelle oder, bei kortikaler Blindheit, im blinden Gesichtsfeld präsentiert werden. Wie unabhängig unbewusste und bewusste Prozesse sind, hat auch Neurobiologe Benjamin Libet bereits in den 1980er Jahren in seinem folgenreichen Experiment über die Willensfreiheit zeigen können. Mittlerweile häufig repliziert, lässt sich das Bereitschaftspotenzial, das mit einer Handbewegung einhergeht, bereits etwa 400 Millisekunden vor dem bewussten Willensakt dieser Handlung messen. Andere Studien konnten nachweisen, dass man Versuchspersonen zu Handlungen veranlassen kann, von denen sie später behaupten, sie seien gewollt gewesen. Der freie Wille ist daher nur die halbe Wahrheit, der wir uns aber gerne hingeben.

2.3 Die Psyche als Schichtenmodell

Matroschka statt Marionette

Um die beiden Instanzen, Me und I, noch besser zu verstehen, lohnt es sich, sie in eine anfassbare, visualisierbare Beziehung zueinander zu setzen. In den Anfängen, als das Me-und-I-Modell erstmals von der akademischen Welt auf das Konsumentenverständnis übertragen wurde, stellte man diese beiden Pole gerne bildhaft dar als Widersacher beim Tauziehen. Dies visualisiert sehr schön die Spannung, die aufgrund der verschiedenen Interessen von Me und I auftreten können. Aber Me und I sind keine Gegner, und sie existieren auch nicht auf der gleichen funktionalen Ebene. Auch das Machtgefälle wird durch das Tauziehen nivelliert. Das Me ist ultimativ mächtiger als das I, es ist aber trotzdem ohne das I nicht lebensfähig. Dieses paradoxe Verhältnis aus Machtgefälle und gegenseitiger Abhängigkeit könnte man am ehesten mit einer WG bezeichnen, aus der die beiden schrulligen Bewohner (die sich oft streiten) einfach nicht ausziehen wollen. Aber gewerbliche Auftraggeber würden wohl die Stirn runzeln, wenn ihr Marktforschungsinstitut den Verbraucher mit einer WG vergleichen wollte. Dann lieber Tauziehen.

Die zweite Stufe der Visualisierung nach dem Tauziehen basierte auf der Erkenntnis, dass das I ein Filter oder auch Zensor des Me ist. Dieses Verhältnis kommt der Wahrheit näher: Das I stellt keine Gegenforderungen, es »bearbeitet« die Handlungen des Me solange, bis sie für das I akzeptabel werden. Es blockiert auch Me-Wünsche, wenn diese sich aufgrund der sozialen und individuellen Normen nicht durchsetzen lassen, also z. B. gegen das Gewissen verstoßen. Ein Filter ist aber nur die halbe Wahrheit, da er die Funktion des I als Benutzeroberfläche unter den Tisch fallen lässt. Und: sowohl der Filter (I) als auch das Zu-Filternde (Me) lässt sich nicht so plastisch darstellen wie ein Tauziehen.

Stellen wir uns den Menschen für eine Sekunde als Matroschka vor und überprüfen die Metapher auf ihre Stichhaltigkeit, inwiefern sie als Visualisierung für die Funktionsweise von Me und I geeignet ist.

Abb. 8: Matroschka als Bild für die Funktionsweise von Me und I (Quelle: september Strategie & Forschung, Foto: Marina Weigl)

Das Matroschka-Prinzip

In einer Matroschka stecken mehrere Personen ineinander, und zwar von klein zu groß. Dies versinnbildlicht die Entwicklung des Menschen, angefangen bei einer ganz kleinen Figur (die nicht mehr teilbar ist) hin zu einer ganz großen Figur. Das Matroschka-Prinzip ist deshalb für uns bedeutend, weil die kleinen Figuren in den großen *enthalten* sind. Das bedeutet, dass sie nicht mitwachsen. Sie repräsentieren unterschiedliche Entwicklungsstufen (oder Versionen) des Menschen im Laufe seines Lebens, während die vorherigen Versionen ausdrücklich anerkannt werden. Die Matroschka stellt ein Menschen(ab)bild dar, das besagt, dass wir die Summe unserer Erfahrungen sind, dass es aber einen Kern gibt, der schon immer da war und in jeder Version des Menschen steckt. Die Diskussion »Nurture vs. Nature«, also die Frage, ob unser Verhalten und Denken angeboren oder gelernt sind, erfährt durch die Matroschka eine klare Antwort: Beides ist der Fall. Die innerste Matroschka stellt das Me dar, das selbst in der erwachsensten Version des Menschen steckt. Paradoxerweise nimmt der Einfluss des Me mit der Zeit nicht ab, obwohl es im Laufe der Jahre von weiteren, neuen Schichten umgeben ist. Im Zeitablauf sieht das Kräfteverhältnis zwischen Me und I dann wie eine U-Kurve aus.

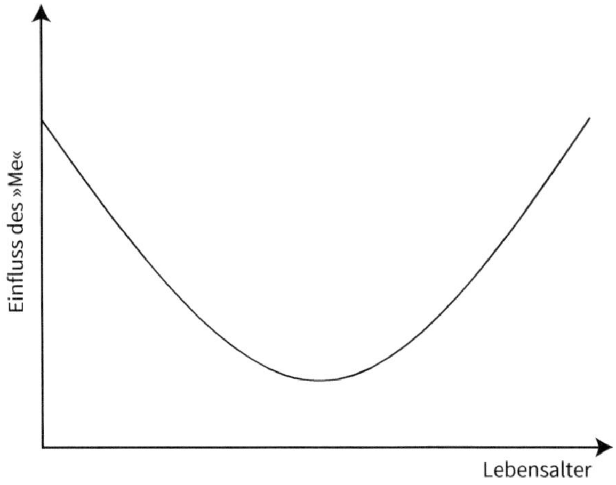

Abb. 9: Me-Einfluss nach Lebensalter (Quelle: september Strategie & Forschung)

Als Kind ist das Me äußerst stark, in der Lebensmitte dominiert das I – aufgrund notwendiger Anpassungen an die Pflicht, mit Job, Familie, Verantwortung für die Älteren u. v. m. zu funktionieren –, und im höheren Alter gewinnt das Me paradoxerweise wieder mehr Macht, obwohl die Anzahl der Schichten zugenommen hat. Sie werden mit dem Alter nur zunehmend durchlässig. Aus diesem Grund erzählen ältere Menschen häufig von der ganz frühen Vergangenheit, d. h. erinnern sich an ihre Kindheit, ganz so wie Daniel Levitin und seine gedrückten Aufzugknöpfe.

Die äußerste Schicht der Matroschka ist die, die jeder sehen kann. Sie entspricht Nørretranders Konzept der Benutzeroberfläche, dem I. Sie agiert im Abgleich mit der Außenwelt, d. h. sie sorgt (zumindest theoretisch) für sozial akzeptables Verhalten, wie breit auch immer man »sozial« definieren möchte. Und das macht Sinn, da die Schichten (Versionen) sich mit der Zeit entwickeln, so dass die äußere Version den aktuellen Rollenerwartungen ausgesetzt ist. Wir gehen davon aus, dass sich immer dann eine neue Schicht bildet, wenn wir eine neue Rolle annehmen. Mit jeder neuen Lebenslage wird also eine neue Version gebildet, die mit einem angepassten Selbstbild und neuen Erwartungen des Lebens an uns (sowie neuen Erwartungen von uns an das Leben) einhergeht. Einschulung? Erste Freundin? Auszug aus dem Elternhaus? Erster Job? Erstes Kind? Das alles sind Anlässe, zu denen wir eine neue Schicht bilden, die sich um die anderen legt.

Es gibt Kritikerinnen und Kritiker, die an dieser Stelle das Bild der Häutung vorziehen. Aber Häutung würde das Ablegen der alten Hülle bedeuten, und wir können die alte Hülle nicht abstreifen, so sehr wir das auch manchmal wollen. Wir können vor uns nicht flüchten. Wir tragen immer unsere ganze Historie mit uns herum, den ganzen Rucksack vergangener Siege und Verluste. Die Frage ist, wie wir sie in die neue Rolle einbringen wollen – oder müssen, weil wir nicht anders können. »You can take the tiger out of the jungle, but you can't take the jungle out of the tiger.« Außerdem müssten wir für »Häutung« eine Schlange als Visualisierung nehmen und keine Matroschka. »Ihr Kunde ist eine Schlange« würde wohl auch kein Auftraggeber gerne hören.

Die Frage ist nun: wenn Me und I sich auf die innerste und die äußere Version der Matroschka beziehen, was sind dann die Schichten dazwischen? An dieser Stelle müssen wir die Matroschka symbolisch behandeln, und nicht dinglich. Es ist natürlich unmöglich, jede einzelne Schicht mit einem konkreten Label oder einem Me/I-Mischungsverhältnis zu versehen. Eher ist das Prinzip gemeint, d. h. wir müssen in Prozessen, Spannungen und Entwicklungen denken. Genauso wie Autofahren vom I in das Me wandert, um automatisiert zu werden, gehen die Schichten irgendwann auch in das Me über. Unsere alten Rollen beginnen, uns dauerhaft zu prägen. Wer in seiner Familie das älteste Geschwisterkind war, hat vielleicht gelernt, dass die Eltern Mitverantwortung für die kleineren Geschwister eingefordert haben. Älteste Geschwister fühlen sich sehr häufig auch im Leben verantwortlich für andere, leiden aber auch darunter, mitunter bis ins hohe Alter. Den Ballast der eigenen Historie abzulegen, ggf. sogar Kindheitstraumata zu überwinden, erfordert nicht selten therapeutische Hilfe, weil man es von selbst nicht schafft. Das I ist oft zu schwach dafür. Mit eisernem (I-)Willen lässt sich vielleicht das Rauchen aufhören, oder man rast weniger beim Autofahren, aber sich neu zu erfinden ist eine ganz andere Geschichte.

Während sich die innerste Matroschka-Puppe (der Kern des Me) nicht mehr verändert, wächst das Me insgesamt durch die Assimilierung älterer Schichten und entwickelt sich auf diese Weise. Als Beispiel dient die kulturelle Verschiedenheit sexueller Vorlieben. Sexueller Antrieb ist zweifellos Me-geprägt, analog zu Freuds »Es«. Aber was genau wir »sexy« am anderen finden, ist kulturell geprägt. Die Männer des Volkes der Karo-Batak, eine ethnische Gruppe im Norden Sumatras, Indonesien, findet zum Beispiel an Frauen große Füße attraktiv – ganz anders als in vielen anderen Ländern, wo kleine Füße attraktiv wirken. Diese Vorlieben lassen sich bewusst machen, aber was Kulturen sexy finden, dürfte schwer zu ändern sein, auch wenn die Vorlieben *nicht* angeboren sind. Daher lässt sich nicht pauschal sagen, dass alles Angelernte dem I unterliegt, während alles Angeborene zum Me gehört.

Das innere Kind

Das Me ist die ältere Instanz in uns, weil sie schon länger existiert als das I. Im Kleinkind formt sich mit zwei Jahren schon ein Gewissen aus, d. h. die Erkenntnis, was richtig und was falsch ist. Das Verhalten, dem die sogenannte Theory of Mind zugrunde liegt, bildet sich frühestens mit vier Jahren aus. Sie bezeichnet die empathische Fähigkeit,

Sachverhalte abhängig davon zu beurteilen, was andere denken und glauben. Diese Fähigkeiten schreiben wir dem I zu, d. h. der Mensch besteht in seinen ersten Anfängen quasi nur aus Me. Dass das Me in den Folgejahren auch dazulernt und seine Wünsche kulturell anpasst, ändert nichts daran, dass die Ursprungsmotive frühkindlich sind. Die Übersetzungsleistung des Me von frühkindlichen, rohen Motiven in kulturell akzeptierte Wünsche ist beachtenswert: Das Verlangen nach körperlicher Nähe beispielsweise, das ursprünglich die Mutter durch ihre mütterliche Zuwendung befriedigte, ist bei vierzigjährigen Singles nicht ohne weiteres erfüllbar, ohne dass Geld oder Unterlassungsklagen im Spiel sind. Das Me akzeptiert daher konsumorientierte, sozial akzeptierte Ersatzlösungen wie z. B. Schokolade.

Das Phänomen der Regression ist im weitesten Sinne dafür verantwortlich, dass solche Ersatzlösungen überhaupt seelisch funktionieren. Dafür muss die Ersatzlösung in frühen Phasen der Entwicklung verankert sein. Das klassische Regressionsbeispiel ist Milch.

Abb. 10: Das innere Kind wird nicht älter (Quelle: Pixabay, Foto: Mojca J)

Tiefenpsychologisch gesehen ist die erste Milch, mit der wir in Kontakt gekommen sind, die süße Muttermilch. Die emotionale Bedeutung von Milch entsteht natürlich nicht durch die physischen Eigenschaften der Milch, sondern über den Kontext der Verabreichung. Die intime Fütterungssituation, die beruhigende Stimme der Mutter, das positive Gefühl der Sättigung nach dem Hunger ergeben zusammen einen emotionalen Kontext, der sich tief in das Me einbrennt – dies gelingt übrigens auch bei Muttermilch-Ersatzprodukten. Der Erwachsene trägt dieses Gefühl unbewusst mit sich herum, und ähnlich der Melodie im Tanagra-Theater des Phantasialands wird dieses Gefühl fortan abgerufen, wann immer sich der richtige Trigger offenbart. In unserem Fall ist der Trigger alles Milchig-Süße und alles Weiche-Breiige: Milch, Creme, Milchcreme, Eis, in Milch aufgeweichte Kekse und sogar nicht-süßer Kartoffelbrei.

Die Liste der Me-Trigger ist lang. Sie ist aber nicht begrenzt auf Süß-Milchiges. Denn Regression kann sich auch auf etwas spätere kindliche Phasen beziehen, sogar auf die Phase des jungen Erwachsenenalters. Im Prinzip ist Regression möglich mit allen prägenden Triggern, die positiv emotional verankert sind – das kann auch die erste Liebe sein, die erste Flugreise, der erste Hotelaufenthalt, die erste Crème brûlée. Solange der emotionale Kontext dieser Erfahrungen positiv und intensiv erlebt wurde (z. B. positiv erlebtes Herzklopfen), ist die Liste der möglichen Regressionstrigger theoretisch endlos.

Vergleicht man die beiden Marken kinder (von Ferrero) und Monte (von Zott), so fällt auf, dass beide Marken über Regression funktionieren. Mit den Produkten der beiden Marken verbinden wir frühe Erinnerungen. Allerdings steht die Marke kinder ganz klar für eine frühkindliche, sehr mutterbezogene Geborgenheit, während Monte vom Auftritt und der Markenstory auf die Zeit der jungen Teenagerjahre referenziert. Monte repräsentiert viel mehr Autonomie und auch Rebellion, versteckt in visuellen Codes und der Tonalität von höherer Dynamik. Die Marke kinder dagegen kommuniziert eher Sicherheit und Vertrauen. Auch wenn beide Marken Produkte haben, die stark frühkindlich verankert sind (weiche, süße Konsistenzen, hoher Milchfokus), so triggern beide von der Markenpositionierung her unterschiedliche Matroschka-Versionen. Kinder zielt auf die sehr frühe Matroschka, Monte auf eine etwas ältere Version, die schon nach Autonomie und Emanzipation strebt. Mütter ziehen aus beiden Marken daher unterschiedliche emotionale Benefits, wenn sie für ihre Kinder einkaufen: Mit kinder wird das mütterliche Selbstverständnis der beschützenden und Geborgenheit spendenden Mutter bedient. Die Kinder bleiben in der Markenwelt von kinder eher klein (auch wenn sie schon größer sind). Monte fokussiert stärker auf eine Laissez-faire-Auffassung, bei der die Freiheit und Entfaltung der Kinder stärker betont wird. Beide Marken sprechen Motive an, die in jeder Mutter vorkommen. Sie repräsentieren also keine Festlegungen. Sie repräsentieren das, was Mütter im jeweiligen Moment an Bestätigung ihres Selbstbildes suchen.

Wir nennen das Me kurzerhand das »innere Kind«.[15] Sicherlich sind beide Begriffe, Me und »inneres Kind«, nicht deckungsgleich, zugunsten einer besseren Vermittelbarkeit

15 Tor Nørretranders erläuterte in einem persönlichen Gespräch am Rande eines Vortrags, dass die Instanz »Me« nicht umsonst so heißt. »Me« ist im Englischen Babysprache (»Me want …«), während »I« erwachsener assoziiert ist. Die Bezeichnung »Self« für Me, der man ab und zu begegnet, wurde von Nørretranders nie benutzt.

zahlen wir aber gerne den Preis der wissenschaftlichen Unschärfe, denn der Begriff »inneres Kind« lässt nicht vermuten, dass das Me die unbewusste Verarbeitung der enormen Bandbreite von Eindrücken beherrscht. Nørretranders Me-und-I-Modell haben wir angereichert um das Modell der Matroschka und die darin liegenden Entwicklungsaspekte und Versionen. Das »innere Kind« ist die logische Schlussfolgerung aus der kleinsten Matroschka, und sie erlaubt es praktischerweise, psychologische Sachverhalte unterhaltsam zu erzählen, u. a. weil es die Idee des »inneren Kindes« allen erlaubt, ein Unterbewusstsein zu akzeptieren: Es ist ja nur ein Kind und kein dunkler Abgrund! Obwohl: Selbst die menschlichen Abgründe haben Platz im Konzept des inneren Kindes, denn Kleinkinder machen sich noch keine konkrete Vorstellung davon, was gut und was böse ist, sondern nur, was ihnen im Moment dient und was nicht. Sie sind streng genommen emotionale Utilitaristen. Die moralische Bewertung dessen, was der Doppelgänger in uns will, ist hingegen klar Sache des I, das innere Kind ist völlig unbeeindruckt davon. Das Gleiche gilt für Sexualität. Wenn wir sagen, das Me sei der Antrieb der erwachsenen Sexualität, so passt der Begriff »inneres Kind« auf den ersten Blick nicht; wie können Kinder Sexualität wollen? Aber Freud definiert kindliche Sexualität ganz anders als wir das heute umgangssprachlich tun würden. Der Begriff »inneres Kind« passt aber vor allem aufgrund der »Grobheit« der emotionalen Reaktion auf die Umwelt: Das Me will entweder etwas mit Haut und Haaren oder fürchtet etwas in der gleichen Intensität. Das innere Kind hat ein Verlangen und ist bockig, wenn es das nicht erfüllt bekommt. Oder es hat Angst und weint. Das Me funktioniert nach einfachen Grundsätzen, ähnlich wie Clotaire Rapailles »Reptiliengehirn«, das unseren inneren Motor mit einem früh-evolutorischen Stadium vergleicht, wenn auch aus einer anderen Spezies. »Inneres Kind« ist da doch um einiges sympathischer.

Wir benutzen in der Folge die Begriffe »Me« und »inneres Kind« synonym, je nachdem wo es sich vom Kontext her anbietet oder wo, in Abgrenzung zum I, das Me als Counterpart begrifflich passender erscheint.

2.4 Eine neue Definition von Consumer Insights

Drama, Baby!

Jeder erwachsene Mensch hat normalerweise die gleichen 32 Zähne, give or take. Wie um Himmels willen kann es dann sein, dass der Rewe-Onlineshop über 150 verschiedene Zahnpasta-Produkte im Sortiment hat? Und das ist nur Zahnpasta. Da darf man sich die Frage erlauben: Ist denn nicht jedes erdenkliche Bedürfnis schon erfüllt?

Abb. 11: Riesige Zahnpasta-Auswahl (Quelle: Flickr, Foto: l_dawg2000)

Wahrscheinlich. Denn in den anderen Regalen sieht es ja nicht weniger voll aus. Bis zu 40.000 Produkte hat ein Supermarkt heute. Wer sich auf die Suche nach neuen Produkten macht, hat es schwer angesichts der Fülle existierender Lösungsmöglichkeiten. Deshalb liegt der Schlüssel zur Innovation entweder in neuen Wegen, alte Bedürfnisse zu erfüllen – oder neue Bedürfnisse zu erschließen. Wir erhalten ständig Briefings, in denen die Suche nach neuen Insights für bestehende Produktkategorien gefordert wird. Aber es ist fast unmöglich, neue Needs zu erschließen, denn die grundlegenden Bedürfniskategorien sind schon längst durch Hunderte von Produkten erfüllt, so scheint es.

Needs, Bedürfnisse, Insights, Motive, Wünsche, was heißt das eigentlich? Es ist Zeit für eine Begriffsklärung. Motive sind grundlegende menschliche Antriebsfedern. Bedürfnisse sind kategoriespezifische Manifestationen der Motive, die sich durch Produkte erfüllen lassen. Man hat also ein Bedürfnis oder ein Need nach Schokolade, aber das Motiv ist die Suche nach Trost und Liebe. Ein Wunsch speist sich nicht zwingend aus einem Bedürfnis und erscheint für unsere Diskussion zu flüchtig. Der Insight ist von diesen Begriffen der am schwersten fassbare. Meistens werden (Consumer oder Customer) Insights definiert als unbewusste »Konsumentenwahrheit« oder auch als

Consumer Truth. Was das genau bedeutet? Das stand nicht dabei. Schnell wird klar, hier verschwimmen die Grenzen zwischen trennscharfer Definition und ansprechendem Anglizismus. Daher bieten wir hier nicht nur eine neue, allgemeingültige Definition eines Insights an, sondern versuchen auch zu klären, wie dieser Begriff genau zu verstehen ist: Consumer oder Customer Insights sind Konflikte!

Konflikte sind mehr als Bedürfnisse, denn sie repräsentieren eine Zwickmühle, ein Dilemma. Der Verbraucher will dies, aber das andere will er nicht. Oder er will etwas und etwas anderes auch, aber er kann beides nicht gleichzeitig haben. Ein Konflikt besteht aus zwei Seiten, und diese heißen Me und I.

Wir haben bis jetzt das Me, das innere Kind, als verborgene Instanz definiert. Das Me hat eine eigene »hidden agenda«, und das I muss mit dem Me koexistieren. Die beiden entscheiden aber nicht exklusiv. Denn wenn nur das Me etwas zu sagen hätte, dann würde man immer mit Fingern oder großen Löffeln essen, beim E-Bike aus Bequemlichkeit und Geschwindigkeitsliebe ständig auf höchster E-Stufe fahren und alle Menschen duzen. Das I, hätte es das alleinige Sagen, würde stets mit Besteck essen, nie den Motor beim E-Bike benutzen (der Fitness halber) und ausgesucht höflich zu allen Menschen sein, in etwa so, wie man sich früher in Österreich aus Reflex mit einem akademischen Grad angesprochen hat, um niemanden aus Versehen herabzuwürdigen.[16] Dass das Me seinen ursprünglichen Willen oft nicht bekommt, liegt am I. Das I lenkt die meisten Impulse des Me in akzeptierte Bahnen. Es ist nicht so, dass das I das Me nicht mag und ihm deshalb alles verbietet, im Gegenteil. Das I ist nicht Fräulein Rottenmeier aus Heidi. Vielmehr sucht das I nach Möglichkeiten, die Motive des Me so umzusetzen, dass das Me auf seine Kosten kommt, und zwar so, dass das I das auch gut finden kann. Beide verhandeln miteinander. Aus Sicht des I ist das E-Bike immer noch ein Fahrrad, und man hat es sich nur gekauft, damit der Berg vor der Haustür leichter zu bewältigen ist. Das I wollte dem Me den Gefallen tun, aber nur unter der Bedingung, dass ansonsten selbst in die Pedale getreten wird. Das innere Kind aber hatte beim Kauf nur Augen für den Motor. Wie so oft erledigt der Alltag den Rest: Es ist für das I nämlich anstrengend, sich immer gegen die Kraft des inneren Kindes zu wehren, und so schwindet der Widerstand des I, und das E-Bike wird immer mehr zum Mofa.

Konflikte sind spannend

Schon Nietzsche wusste: Es ist leichter, einer Begierde ganz zu widersagen, als in ihr Maß zu halten. Und so werden täglich Hunderte von Chipstüten in Deutschland aufgerissen und vernichtet. Und in den allermeisten Fällen dürften sich die Esser dafür hassen, weil sie die Tüte eigentlich nach ein paar Happen weglegen wollten. Da fällt es leichter, die Tüte gar nicht erst aus dem Regal zu holen. Deshalb redet sich das I

16 Hans Moser: »Und wenn einer nix is, dann sag ich Herr Doktor.«

bei der Kaufentscheidung oft ein, dass Maß gehalten werde, während das Me schon weiß: Ist die Tüte einmal offen, ist sie mein. Der ursprüngliche Kaufimpuls stammt natürlich vom Me, und wären Chipstüten wiederverschließbar, würde dies die Kaufentscheidung wahrscheinlich erleichtern, weil das I sich dann noch besser einreden könnte, der Konsum sei unter Kontrolle. Würde das Marketing also nach Möglichkeiten suchen, Chipstüten noch attraktiver zu machen, und würde die Produktmanagerin von Lorenz nur Bedürfnisse erfüllen wollen, dann hätte sie die Wahl zwischen dem Bedürfnis nach Kontrolle (I) und dem Bedürfnis nach Genuss (Me). Beide Bedürfnisse getrennt zu betrachten, würde die Aufgabe erschweren: Eine kontrollierte Chipstüte sieht schnell unlecker aus, und eine leckere Tüte suggeriert zu wenig Kontrolle. Nimmt die Produktmanagerin aber den Konflikt als Ausgangspunkt, dreht sich die Suche um die Lösung des Dilemmas: Wie kann man eine Chipstüte so designen, dass sie maximal appetitlich aussieht und *gleichzeitig* Kontrolle verheißt?

Dass das Me während des Konsums die Oberhand behält und den Käufer oder die Käuferin zur totalen Vernichtung der Chips treibt, ist sehr wahrscheinlich, und es hängt von der individuellen I-Stärke ab, ob das Vorhaben des inneren Kindes gelingt. Aber zum Zeitpunkt des Kaufs braucht das I die Gewissheit, die Kontrolle zu behalten. Oder, alternativ, die Folgen des Konsums weniger schlimm zu finden, z. B. weil die Chips fettreduziert sind. Aber Vorsicht, das innere Kind kann schon lesen! »Fettreduziert« klingt nicht besonders lecker. Chips haben dann ein Problem, wenn sie den Taste-Appeal für das Me verlieren, nur weil dem I zu viel Kontrolle versprochen wird. Also muss nach Wegen gesucht werden, die Kontrolle so herzustellen, dass der Genuss nicht leidet. Mögliche Lösungen sind ofengebackene Chips, Chips aus (gesunden) Kichererbsen, Chips namens »Natural«, »Hof Chips« u. v. m. Wäre man auf diese Ideen gekommen, wenn man stumpf ein Bedürfnis hätte erfüllen wollen? Wahrscheinlich nicht.

Da Konsumenten qua Me und I spannungsgeladene Wesen sind und jeder Mensch nach Spannungsausgleich strebt, ist die Definition von Consumer Insights als Konflikt nicht nur relevanter als das Denken in Bedürfnisbefriedigungen, sondern für das Marketing auch praktischer: Wer relevante Me/I-Konflikte rund um eine Produktkategorie findet, sucht zielgerichtet im Korridor zwischen den grundlegenden Motiven des Me und den Bedingungen des I, diese zuzulassen. Die Aufgabe des Marketings besteht also darin, Konflikte zwischen dem inneren Kind und dem I zu lösen, und nicht, Bedürfnisse zu befriedigen.

Innocent, der Fruchtverkindlicher

Ein Blick auf die Marke Innocent macht das Verhältnis zwischen dem inneren Kind und dem erwachsenen I deutlich. Bei Innocent geht es um Smoothies. Seit es Smoothies gibt, streiten sich die Marketing-Gelehrten, ob nun das Bedürfnis nach Hunger oder nach Durst im Vordergrund der Smoothies steht. Keine Debatte könnte irrelevanter sein. Denn das Geheimnis von Smoothies liegt in der psychologisch relevanten Vermittlung von Gesundheit durch Obst. Daher müssen wir uns mit der »Psychologie des Obsts« beschäftigen. Normalerweise ist die Reaktion auf »Obst« zweigeteilt: Das I sagt, Obst ist wichtig für die Gesundheit. Jeder sollte mehr Obst essen. Viele Haushalte kaufen sich sogar Obst, um es in Schalen zu drapieren, so dass man jederzeit davon essen kann. Die Folge ist aber, dass Schale um Schale ungegessen in der Biotonne landet. Die Fruchtfliegen verschwinden dann hoffentlich auch. So toll das Obst aussieht, es steht letztendlich nur dekorativ herum. Ähnlich wie affirmative Spiegelsprüche im Bad (»Sei Du selbst« oder »You can do whatever you want«) haben sie mehr pseudosuggestiven Charakter, als dass sie eine ernsthafte Verhaltensänderung bewirken. Die bloße Existenz einer Obstschale signalisiert: Hier wohnen Menschen, die sich gesund ernähren. Das ist Balsam auf die Fastfood-verwöhnte Seele. Allein, das innere Kind sagt: Ich mag jetzt kein Obst.

Der Unterschied zwischen Obst und Frucht ist dabei nicht unbedeutend. Während Obst assoziativ das I aktiviert (»Du sollst«), triggert das Wort »Frucht« ganz andere, Me-orientierte Erinnerungen. Früchte sind sinnlich, süß, sündig. Adam hat nicht einfach nur Obst gegessen, er hat von der Frucht des Baumes gekostet! Gemeinhin sind Erdbeeren, Bananen, Trauben typische Früchte. Grüne Äpfel und Birnen sind Obst. So oder so: Mit Obst lockt man keinen Verbraucher hervor, mit Früchten hingegen schon. Das innere Kind mag Früchte, Obst lehnt es ab. Zu anstrengend, zu hart, zu wenig süß – und das liegt allein im Namen. Ein seltener Misserfolg in der Geschichte von Dr. Oetker (und ein zeitgleicher Erfolg der Marke Müller) offenbart das problematische Verhältnis der Deutschen zum Obst. Die Joghurtmarken Froop (Müller) und Jobst (Dr. Oetker) wurden 2002 eingeführt. Neu daran war die getrennte Kombination aus Fruchtpüree und weißem Joghurt. Jobst machte leider den Fehler und appellierte zu wenig an den Genuss und an die Freude und betonte allein durch den Namen den disziplinarischen Obst-Charakter von Jobst. Der Name Froop lehnte sich an Fruit/Frucht an, die Marke inszenierte (und inszeniert) das Durchmischen beider Schichten und war und ist klar auf Spaß positioniert, wie vieles von Müller. Jobst wurde aufgegeben, Froop gibt es heute noch. Es gab noch ein Revival von Jobst 2018 zu einem deutlich geringeren Preis, aber nachhaltig war der Erfolg nicht. Wenn das innere Kind nicht mitspielt, bringen auch Preisreduktionen nichts, dafür kann es sich buchstäblich nichts kaufen. Generell gilt: Preisreduktionen appellieren an das I, ändern aber nichts an der fehlenden Begehrlichkeit für das Me. Sie verpuffen dann mehr oder weniger wirkungslos, und zwar solange, wie der Preis das Level an Haben-Wollen des inneren Kindes übersteigt.

Zurück zu Innocent: Smoothies legen es darauf an, Obst für das innere Kind attraktiv zu machen. Erst dann wird aus Obst Frucht. Man muss nirgends reinbeißen, nicht kauen, es ist von Haus aus süß und schön bunt sowieso. Das I jubelt, hat es doch hier ein Angebot, das Gesundheit verspricht, und das Me findet es lecker und hat Spaß daran, endlich sind sich beide einig. Nun sind sämtliche Smoothie-Versuche der Industrie, sei es von Chiquita (»Just Fruit in a bottle«), hohes C (»hoch2«) oder Schwartau (»Pur«), nicht von Erfolg gekrönt gewesen. Einzig zwei Marken, die es vorher noch nicht gab, konnten sich behaupten: die Bonner »True Fruits« und die aus London stammende Marke »Innocent«.

Abb. 12: Markenlogo von Innocent (Quelle: Innocent Deutschland GmbH)

Die Rezepturen der verschiedenen Smoothie-Marken sind nicht allzu unterschiedlich, d. h. am Produkt scheint es nicht gelegen zu haben, dass die Etablierten scheiterten. Innocent versteht es, das innere Kind anzusprechen wie kaum eine andere Marke. Innocent steckt voller kindlicher Codes: angefangen mit dem Namen, dem Tom-und-Jerry-haften Smiley mit Heiligenschein und übersimplifizierten Botschaften auf den Flaschen wie »Wir sind nett zur Umwelt« – sie alle sprechen das innere Kind auf Augenhöhe an. Dass die Produkte »rein« sind, muss da nicht groß erklärt werden. Kindliche Unschuld ist mit »Reinheit« fest im Gehirn verdrahtet. Interessanterweise kommt es aus Verbrauchersicht aber nicht zu Reaktanzen, weil man sich vielleicht veralbert vorkommt bei all der kindlichen Symbolik. Denn die Symbolik wird auf Englisch gespielt, und es wird auf offen kindliche (kindische) Signale verzichtet.[17] Englisch verschleiert die kindliche Ansprache und verleiht ihr einen weitläufigen, kosmopolitischen, mithin erwachsenen Touch. Innocent hebt so das Kindliche auf ein sozial akzeptiertes erwachsenes Niveau. Das I fühlt sich von Innocent ernst genommen.

2.5 Das Me-und-I-Markenmodell

Das Markenrad: nunc est complendum

Die gängigste Darstellung von Marken ist das »Brand Wheel«, auf Jahrzehnte inspiriert von der Werbeagentur Bates Worldwide 1980. Es finden sich aber auch Darstellungen in Form einer Pyramide, eines Prismas, eines Diamanten usw. Im Rad steht meistens in der Mitte (Bull's Eye) die »Brand Essence«: die auf einen Satz oder ein paar Begriffe reduzierte Verdichtung der Natur der Marke. Dies kann eine Beschreibung sein oder auch eine Herausforderung.[18] Weitere auszufüllende Felder sind »Brand Proposition«

17 Ein offen kindliches Signal sind z. B. Augen auf Früchten wie bei der Marke »Freche Freunde«. Das signalisiert: Eltern, kauft es für Eure Kinder! Bei True Fruits würde kein Vater und keine Mutter auf die Idee kommen, die Marke regelmäßig für die Kinder zu kaufen (mal ganz abgesehen vom Preis).

18 So hatte vor Jahren eine große deutsche Bank z. B. im Bull's Eye stehen »Best Bank, but not for me« als Ausdruck der Herausforderung, dass Kunden die Bank als zu abgehoben empfanden.

(Markenversprechen), »Brand Values« (Markenwerte), »Brand Insight« (Marken-Insight) und »Brand Tonality« (Markentonalität). Besonders hervorzuheben sind allerdings »Emotional Brand Benefit« und »Functional Brand Benefit«. Es gilt, das Brand Wheel vollständig auszufüllen, denn dann ist die Marke komplett beschrieben.

Brand Wheels sind seit Jahrzehnten Standard und auch sinnvoll, da Markenentscheider wissen müssen, woran sie sich bei der Markenkommunikation und -positionierung orientieren müssen, um die Marke attraktiv zu machen und sinnvolle Maßnahmen zu konzipieren.

Allerdings haften solchen Strukturen wie dem Brand Wheel drei verführerische Risiken an.

1. Sie können dazu tendieren, »L'art pour l'art« zu werden, also Selbstzweck und Schönheitsspiegel für das Marketing zu sein. Die Folge ist ein sich selbst verstärkender Mechanismus, in dem ein rein unternehmensseitiges Verständnis der Marke zum Ausdruck kommt. Es ist verführerisch als Marketing-Entscheider, sich mit dem Brand Wheel im Grunde selbst zu beschreiben, verkörpert man doch genau diese Marke.
2. Oftmals sind die Kategorien im Markenmodell redundant aufgeladen. So manches Brand-Management verzweifelt schon einmal ob des Unterschieds zwischen emotionalem »Brand Benefit« und »Brand Proposition« oder zwischen Markenpersönlichkeit und Markentonalität. Wenn jede Wortschattierung auf die Goldwaage gelegt wird, um dieselbe Bedeutungsrichtung unterschiedlich auszuformulieren, liegt der Verdacht nahe, dass die Kategorien im Brand Wheel nicht ganz trennscharf sind. Das gute Ergebnis zeugt dann eher von der Wortgewandtheit des Verantwortlichen als von der Sinnhaftigkeit der Kategorien.
3. Über das Brand Wheel geht manchmal die Natur der Marke verloren, denn man ist zu beschäftigt, Kästchen auszufüllen, anstatt darüber nachzudenken, was die Marke tatsächlich ausmacht. Es besteht die Gefahr, die Struktur des Markenrads mit der Struktur der Marke zu verwechseln. Folge: Die Marke erhält zum einen dadurch eine gewisse Statik. Zum anderen ist man schnell versucht, bei der Maßnahmenplanung die Elemente im Markenrad ohne große Reflektion nacheinander abzuhaken. Ein Brand Wheel suggeriert Kontrolle und Transparenz, und das kann trügerisch sein. Dementsprechend laut ist unsere Forderung, Marken dynamischer zu verstehen und in einem Modell abzubilden, das diese Dynamik rekonstruiert.

Die Markenmatroschka

Die Analogie zwischen Marke und Mensch ist sehr alt. Anbieter träumen von Marken, die besonders menschlich und – vor allem – emotional wirken. Die Marke als Partner, als Freund: ein attraktives Gleichnis, das ein Treueverhältnis impliziert. Markentreue: Welch fantastisches Konzept! Aber Markentreue gibt es nur ganz selten und am wenigsten bei Produkten im Supermarkt.[19] In den meisten Fällen sprechen wir über Gewohnheiten, Einkaufsroutinen, Markenvertrauen oder auch eingeschränkte Verfügbarkeit. Das gibt es alles. Aber Treue geht von einer intrinsischen Motivation der Bindung aus, und das ist vom inneren Kind in den meisten Fällen zu viel verlangt (dafür ist es dann doch zu egoistisch), mal ganz abgesehen von Markenliebe. Liebe gibt es vielleicht innerhalb der Marketingabteilung, aber nicht zwischen Konsument und Marke. »Liebe« ist ein Pseudonym für starke Markenbindung.

Aber wir schweifen ab. Das Gleichnis Marke = Mensch ist konstruktiv, auch wenn Marken sich nicht wie Menschen verhalten. Aber Marken müssen den Menschen abholen, und zwar nach den Gesetzen der menschlichen Wahrnehmung bzw. der psychologischen Gesetzmäßigkeiten. Ein Markenmodell muss das widerspiegeln. Es muss eine Entsprechung geben. Warum aber werden Marken dann mit einer Inventurliste beschrieben?

Es liegt viel näher, ein Markenmodell zu haben, das dem Modell des Verbrauchers, des Menschen entspricht. Da die Matroschka ein solches Modell darstellt, schlagen wir vor, die Marke konsequenterweise auch als Matroschka zu beschreiben: das Me-und-I-Markenmodell. Wir betrachten dazu eine skizzierte Matroschka die aus einer kleinen Matroschka (»Brand-Me«) und einer darum herum dargestellten Matroschka (»Brand-I«) besteht.

Das seelische Innenleben von Marken

In der Analogie zu Menschen sind Marken mit ihrem Brand-Me »zur Welt gekommen.« Es beinhaltet das Versprechen an den Verbraucher, wenn man alles politisch Korrekte und alles wohlklingende Drumherum einfach mal ausblendet. Das Ergebnis ist häufig eins, das man so nicht in ein offizielles Brand Wheel hineinschreiben würde. Es reicht oft ein Wort.

Markenidentität ist nicht nur im Kern, sondern im Kern und in der Schale. Menschen sind ja auch nicht nur das, was in ihrem Kern steckt, das wäre furchtbar. Erst ihre Erfahrungen (d.h. ihre Matroschka-Schichten) machen sie zu dem, was sie jetzt sind: Man ist das Produkt aus Nature und Nurture. Das ist der Grund, warum man beim Me-und-I-Markenmodell sich nicht einfach in einen Raum zu einem Brand-Workshop zusammensetzen kann, um die Marke neu zu definieren. Ihre »Identität« ist zum Teil fix, weil der Kern grundsätzlich unberührt bleibt.

19 Eine der wenigen Marken die so etwas wie Markentreue bei Konsumenten erzielen, ist Apple – weil Apple als Marke schon mit einer Haltung quasi auf die Welt gekommen ist, denn das Feindbild war Kompliziertheit (oft verkörpert durch Microsoft). Apple definierte sich nie über seine Produkte, sondern über seinen unausgesprochenen »Purpose« der Einfachheit.

Betrachten wir als Beispiel Nestlé. Hier haben wir es mit einer Dachmarke zu tun, die ihre Herkunft und ihre ursprüngliche Identität, sogar im Logo trägt.

Abb. 13: Markenlogo von Nestlé (Quelle: Nestlé, logosmarken.com)

Hier steht das also das im Vordergrund, was die Wort-Bild-Marke darstellt, und zwar nicht einfach nur »Ernähren«, sondern mütterliche Versorgung per se: Nestlé nährt uns, das soll das Nest sagen: ein Symbol, denn eine nährende menschliche Mutter im Logo wäre vielleicht etwas kompliziert geworden. Das Nest, das dargestellt ist, leitet sich aus dem Namen »Nestlé« ab. Noch näher an der mütterlichen Versorgung ist übrigens Bärenmarke.

Abb. 14: Markenlogo von Bärenmarke (Quelle: Bärenmarke, Wikipedia)

Bärenmarke, eine Marke, die *nicht* zum Nestlé-Konzern gehört, zeigt zwar nur eine Bärenmutter mit ihrem Bärenkind im Arm (keine Spur von Versorgung), aber der Bärenmutter hat man im Laufe der Logo-Geschichte die Babyflasche weggenommen. »Mütterliche Versorgung« ist bei Nestlé und bei Bärenmarke unzweifelhaft der durch die Herkunft begründete ursprüngliche Benefit der Marke: Nestlé ist groß geworden mit Babypulver, dem sogenannten »Kindermehl«, und Bärenmarke stellte anfangs nur dicke, süße Kondensmilch her – näher dran am inneren Kind kann man kaum sein. Deshalb wollen wir diesen Versorgungs-Benefit den Me-Benefit von Nestlé und Bärenmarke nennen. Mit diesem Benefit aber tun sich auch gewaltige Ansprüche an die Marken auf, denn mütterliche Versorgung bedeutet auch große Verantwortung für die Kunden, und zwar in dem Sinne, dass Konsumenten sich keine Gedanken darüber machen müssen, was sie da von den Marken konsumieren. Wird diese Assoziation enttäuscht, ist der Teufel los.[20]

Wenn »mütterliche Versorgung« der Me-Benefit ist, Nestlé sich also mit der Mutter vergleicht, die alle ernährt und großzieht (was ein psychologisch starkes Bild ist), dann ist das »I« des Verbrauchers auf Krawall gebürstet. Denn der Erwachsene in uns ist autonom, souverän und hat seine eigene Mutter. Das mag der Grund sein, warum so gut wie kein Konsument sich ungestützt erinnert oder auch je reflektiert, was sich im Nestlé-Logo abspielt. Der Marke muss es im Kern gelingen, den Me-Benefit bzw. das Me-Versprechen so zu übersetzen, dass erstens der Reiz für das Me nicht verloren geht, und zweitens das Versprechen I-gemäß aufgeladen ist. Dazu ist es notwendig, dem Brand-Me ein Brand-I beizustellen. Nicht als Gegensatz, sondern als Ergänzung. Das Brand-I soll an das I des Verbrauchers appellieren und das Me-Versprechen durch Benefits anreichern, die dem I gefallen und helfen, das Brand-Me durchzuwinken. Dies sind häufig Kehrseiten, die das Brand-Me alleine triggern würde. Beispielsweise sind Freiheits-Versprechen für das Me typischerweise begleitet von Kontrollverlust-Ängsten seitens des I. Je freier man ist, desto mehr muss man auch Kontrolle ausüben, sonst verliert man beispielsweise die Orientierung. Ganz allgemein gesprochen werden intensive Befähigungs-Versprechen (Freiheit, Geschwindigkeit, Macht, Spaß usw.) häufig begleitet von der Notwendigkeit in Bezug auf Kontrolle oder Verantwortung, d.h. wie kann das I die neugewonnenen Möglichkeiten des Me einfangen oder regulieren? Man sollte denken, dass es für Marken wie Ferrari nicht ganz so wichtig sei, dem I ergänzende Versprechen zu machen, da Kraft und Geschwindigkeit für Sportwagen überaus wichtig sind. Nichtsdestotrotz braucht auch der vermögende Kunde von heute ein paar Absicherungen hinsichtlich Sicherheit und Nachhaltigkeit, allein des guten Gewissens halber (Ferrari hat mit dem SF90 bereits einen Hybrid im Angebot). Eine ganzheitliche Markenführung muss daher dem mächtigen Me-Versprechen ein sinnvolles und attraktives I-Versprechen beiseite stellen. Ein wichtiger Unterschied zu klassischen Markenmodellen ist der, dass der Me- und der I-Benefit eben nicht den emotionalen und funktionalen Benefit wiederspiegeln. Es gibt kein funktionales Zentrum im Gehirn. Sondern dass beide Benefits emotional wirken. Der Me-Benefit

20 Das ist auch der Grund, warum die Marke Nestlé gerade in den Generationen Y und Z das Thema »Wasserprivatisierung« mit sich herumträgt – eine Episode der Firmengeschichte, die sich in diesen Zielgruppen verewigt und verselbstständigt hat. Einer Marke, die große Verantwortung für die Versorgung ihrer Kunden für sich beansprucht, verzeiht man so etwas nicht, weil das dem Me-Benefit widerspricht. Schlimmer noch: Viele wissen gar nicht, welche Produkte zu Nestlé gehören. Letztens hörten wir von einem 20-jährigen Studienteilnehmer, er und seine Freunde verzichteten jetzt auf die zu Nestlé gehörenden Produkte von Monte. Allerdings gehört Monte – wie Bärenmarke auch – gar nicht zum Nestlé-Konzern.

ist nicht nur emotional, sondern sozusagen tiefen-emotional, weil er das innere Kind adressieren muss. Der I-Benefit kann funktionaler sein, muss es aber nicht, denn so etwas wie »nachhaltig und gut fürs Gewissen« ist ganz und gar nicht funktional. Umgekehrt ist die objektive Geschwindigkeit und Einfachheit, mit der ein Gericht zuzubereiten ist, nicht dem I zuzuordnen, sondern dem ungeduldigen Me.

Nun ist es für das Marketing nicht so einfach, beides miteinander zu verbinden, wenn es Me- und I-Benefit getrennt nebeneinander stehen lässt. Daher definieren wir die Brand Proposition als I-gemäße Vermittlung des Me-Benefits. Hier finden sich beide wieder. Aber es muss klar sein, dass der Me-Benefit im Fahrersitz der Marke Platz nimmt. Die »Brand Proposition« ist daher zentral, um Kommunikation und Produkte für die Marke zu modellieren bzw. zu entwickeln. Sie muss aber so schlagkräftig formuliert sein, dass sie dem Me die Kraft nicht nimmt, um der Versuchung nachzugeben, ganz dem I zu gefallen. Wir müssen immer daran denken, dass in allen Kategorien das Me weit mehr Macht bei der Markenentscheidung hat als das I.

Aber wir waren mit dem Beispiel von Nestlé noch nicht fertig. Neben der mütterlichen Versorgung thematisiert Nestlé als I-Benefit »Gesundheit« und »Nachhaltigkeit«. Diese allein sind jedoch nur begrenzt motivierend, da der Me-Benefit in ihnen fehlt. Es ist also eine Verbindung notwendig. Wie übersetzt man als Marke die mütterliche Versorgung in den akzeptierten Gesundheits- und Nachhaltigkeits-Kontext? Wie ist die Synthese? Da ist zum einen die Vielfalt der Marke. Man kann alles von Nestlé beziehen, was man zur Ernährung braucht, es fehlt an nichts. Im Versorgungskontext sprechen wir auch vom Füllhorn-Versprechen, das streng genommen nichts anderes ist als die sozial akzeptierte Übersetzung der mütterlichen Vollversorgung: Es fehlt an nichts, Nestlé hat alles, was Du brauchst. Weiterhin hat Nestlé den Fokus erweitert und thematisiert nicht die Versorgung als Akt, sondern das gute Leben als Benefit. Der Slogan, in diesem Fall Sinnbild der Brand Proposition, lautet »Good Food, good Life«. Nicht die Abhängigkeit steckt hier drin, sondern das »Enabling«, die Ermöglichung eines guten Lebens durch gute Nahrung. Das »I« möchte nichts wissen von Abhängigkeit, es möchte auf eigenen Füßen stehen. Es will ausgerüstet und befähigt werden, nicht versorgt und klein gehalten. Nestlé erhebt hier nicht den Anspruch, dass man automatisch ein gutes Leben hat, wenn man Nestlé-Produkte kauft. Das wäre bevormundend. Sondern dass die »gute Nahrung« von Nestlé die Grundlage für ein gutes Leben sein kann.

Wir ziehen ein Zwischenfazit: Auch Marken haben ein Me und ein I. Das Brand-Me speist das innere Kind des Konsumenten, während das Brand-I die Interessen des I abholt. Die Synthese, die Brand Proposition, bringt beide Perspektiven zusammen: das Kernversprechen einer Marke ist ein Satz, der beschreibt, was die Marke dem Me des Verbrauchers verspricht, unter der Maßgabe dessen, was sie dem I anbietet. Dabei ist darauf zu achten, dass das Me-Versprechen nichts an Attraktivität für das Me einbüßt, wenn es an die Anforderungen des I angepasst wird.

Macht, Kontrolle, Schöpfung

Betrachten wir als Beispiel für das Zusammenspiel aus Brand-Me und Brand-I eine Marke für Motorsägen, Astsägen usw. Nehmen wir eine Marke wie Stihl. Stihl wollen wir im Folgenden einmal tiefenpsychologisch sezieren und betrachten. Die nachfolgenden Ausführungen repräsentieren daher bewusst unsere Sicht und spiegeln nicht unbedingt die »offizielle« Stihl-Sicht wieder. Was also macht der Verbraucher mit all diesen Produkten? Er zerstört und beschneidet, fällt Bäume, schneidet Äste, häckselt Zweige usw. Es ist also anzunehmen, dass Stihl die Lust des inneren Kindes an der Zerstörung bedient: Es handelt sich kurzum um eine Schattierung des Machtmotivs: Man spürt seinen eigenen Impact (»Selbstwirksamkeit«). Bei Männern mit Macht spricht man dann gerne von Potenz, und Stihl hat nun mal hauptsächlich Männer als Zielgruppe. Macht hat gleich mehrere Kehrseiten; eine davon ist die Angst vor Kontrollverlust. Man kann sich schnell lächerlich machen, wenn man die Materie nicht beherrscht: Wenn man eine Hecke falsch schneidet oder der Baum fällt zur falschen Seite, sieht das jeder. Stihl muss dem Verbraucher versprechen, diese Macht produktiv zu kanalisieren, denn mit solchen Tools zu hantieren, ist ja nun auch nicht ganz ungefährlich. Die Marke gibt daher mit ihrem Brand-Me die Machtausübung wieder, und mit ihrem Brand-I muss sie signalisieren, dass die Macht nicht zur ungeplanten Zerstörung führt.

Stihl könnte sich dazu als Profimarke positionieren. Dann würde Stihl seine »gefährlichen« Produkte in die Hand der Götter legen, die damit umgehen können. Damit würde Stihl auch implizit versprechen, dass man durch diese Produkte zum Profi wird. »Profi« darf man aber so nicht sagen, weil man alle abschreckt, die noch kein so großes Ego haben, um sich mit einem Profi zu identifizieren. Alternativ muss Stihl die Kontrolle und das In-Bahnen-Lenken der Macht in den Vordergrund stellen: das notwendige Versprechen des Brand-I. Beide zusammen sind aber noch keine zusammenhängende Story: Macht kann man nämlich so nicht thematisieren, und addiert man die Kontrolle, dann wird daraus noch lange keine einleuchtende Synthese. Spricht man mit Nutzern solcher Produkte, wird allerdings deutlich, wie die Macht der Produkte (die immer wieder zwischen den Zeilen zum Ausdruck kommt) *kanalisiert* wird: indem sie gerichtet wird auf einen Vorgang, der zwar zerstört, aber gleichzeitig Platz schafft für Neues. Neues Wachstum, neue Ideen. Man erschafft etwas, denn das Zerstören ist nicht Selbstzweck. Man gestaltet, erschafft, kreiert. Das ist ein Benefit, der Macht und Kontrolle vereint, und gleichzeitig widerspiegelt, was Nutzer am Ende des Tages erreichen wollen. Die Brand Proposition von Stihl könnte also lauten: Mit Stihl hast Du es in der Hand, nach Deinem Willen zu gestalten und zu formen. Das kann man sicher schicker sagen, aber die Aussage würde passen: »nach Deinem Willen« impliziert sowohl Macht als auch Kontrolle.

Warum, mag man sich fragen, geht man den Umweg über Brand-Me und Brand-I, wenn man doch gleich die Brand Proposition formulieren kann? Aus zwei Gründen: Erstens muss man sich Brand-Me und Brand-I bewusst machen. Das muss so oder so geschehen, und Transparenz und Herleitung schadet einem Markenmodell nicht. Zweitens ist es für Markenverantwortliche wichtig, die Me-Natur einer Marke festzuhalten. So vermeidet man, dass Kreation oder Produktgestaltung die Marke »aufweichen«, indem zu viel Sicherheit oder zu viel Kontrolle die Machtausübung verdecken. Denn das, was eine Marke attraktiv macht, ist im Zweifel das Brand-Me. Clotaire Rapaille fand für Chrysler den Begriff »Gangster« als sogenannten Brand Code. Was er eigentlich damit definiert, ist das Brand-Me. »Gangster« ist Ausdruck der ungebremsten Lust an Rebellion und Macht und liefert gleichzeitig den historischen Referenzrahmen mit: das Amerika der 30er Jahre. Dieses Motiv ist bei Autos durchaus existent und auch relevant, aber »Gangster« wird in der Kommunikation niemals gesagt (aber durch die Modelle übersetzt, wie z. B. der PT Cruiser, der daraufhin entwickelt wurde). Was allerdings fehlt, ist eine Anweisung, wie »Gangster« I-gemäß übersetzt wird. Ohne eine synthetisierende Brand-Proposition haben Agenturen freie Wahl, wie sie Gangster inszenieren – möglicherweise auf Kosten der kommunikativen Stringenz.

Frischer Atem: auf in den Kampf!

Fisherman's Friend ist eine Marke für Atemfrische-Produkte. Beginnen wir mit dem Grundversprechen von Fisherman's Friend. Was möchte Fisherman's Friend mit seinen Produkten erreichen? Auf einer etwas philosophischen Ebene geht es ja darum, dass Menschen eigentlich von den Fesseln ihrer Natur befreit werden wollen, denn natürlicher Atem ist ja der Atem, mit dem wir zur Welt gekommen sind – und genau diesen Atem wollen sozial-orientierte Menschen manchmal loswerden, beispielsweise morgens. In tiefenpsychologischer Forschung bestehen Teilnehmerinnen und Teilnehmer immer wieder darauf, natürlichen Atem haben zu wollen. Damit meinen sie aber nicht den Atem, den sie glauben, morgens zu haben. Sondern »neutralen« Atem, den man gar nicht riecht. Das bewusste »I« der Teilnehmer grenzt sich dann immer ab vom krassen Menthol-Atem bei anderen. Da wittert man Betrug: Solche Menschen haben doch was zu verbergen! Aber würde man ein Atemfrische-Produkt rein auf diesen Aussagen entwickeln, man hätte ein »natural breath«-Produkt, das neuartig, unique und wahrscheinlich erfolglos wäre. Woran liegt das?

Die tiefenpsychologische Wahrheit ist: Atemfrische ist ein Zeichen innerer Reinheit. Das macht ein Blick auf das Gegenteil deutlicher: Schlechter Atem macht Menschen auf einen Schlag unsympathisch und sorgt sogar bei Menschen, die man liebt, für Distanz und Irritation. Das innere Kind, das Me, schließt nämlich vom Äußeren auf das Innere des Menschen: Im Prinzip fühlen wir intuitiv: Wer aus dem Mund schlecht riecht, ist auch innerlich schlecht. Das klingt hart, aber in seiner unbewussten Wirkung ist schlechter Atem ziemlich imageschädigend. Frischer Atem hingegen signalisiert auf einer sehr basalen Ebene, dass alles in Ordnung ist. Kaum zu glauben, aber frischer Atem macht Menschen vertrauenswürdiger. Wer allerdings schlechte Zähne hat und ansonsten komisch rüberkommt, kann Bonbons lutschen bis die Kiefer müde werden. Es muss also alles zusammenpassen. Aber das darf man in der Werbung so nicht sagen. »Fisherman's Friend macht Sie vertrauenswürdig und akzeptiert« – man kann die öffentliche Empörung erahnen. Atemfrische-Produkte machen weder vertrauenswürdig, noch sorgen sie für Akzeptanz! Aber dieser tiefenpsychologische Zusammenhang von frischem Atem und Vertrauenswürdigkeit bzw. zwischenmenschlicher Akzeptanz generell ist die Basis dessen, was die Marke, was jede Atemfrische-Marke dem Me verspricht. Das kann man als Marke aber so nicht kommunizieren, ohne auf heftige Kritik zu stoßen: Das Versprechen der Akzeptanz ist das Versprechen des Brand-Me, weil es für das Me der Kunden relevant ist. Und weil das Brand-Me bei vielen Marken gar nicht so sehr unique ist (weil das, was das Me will, häufig universell ist), braucht eine Marke ein sozialkompatibles Brand-I-Versprechen sowie eine zusammenfassende Proposition, die das Me-Versprechen repräsentiert, angereichert durch die I-Perspektive. Dies ist die Story, die eine Marke im Kern erzählt. Diese Story verleiht der Marke Profil und Charakter und idealerweise Uniqueness.

Abb. 15: Markenlogo von Fisherman's Friend (Quelle: CFP Brands Süßwarenhandels GmbH & Co. KG)

Was ist die Story in unserem Beispiel? Fisherman's Friend wählt die Geschichte von persönlicher Stärke. »Sind sie zu stark, bist Du zu schwach« ist nicht einfach nur ein Kommunikations-Claim, sondern viel mehr:

1. Die Positionierung, durch den Claim verkörpert, greift implizit das Sujet des Kampfes auf, auch wenn es *eigentlich* nur um das Verhältnis zwischen Nutzer und Produkt geht. Aber da Atemfrische ein grundsätzlich soziales Thema ist, wird Stärke/Schwäche sofort mit Überleben und Untergehen assoziiert. Dies stellt im sozialen Atemfrische-Zusammenhang eine Übersteigerung von »Akzeptanz« dar. Es geht also nicht nur um Gefallen, sondern um Sich-Durchsetzen – eine »Rüstung« für den modernen Menschen. Angesichts dieser sehr archaischen Botschaft kann man das Me förmlich jubeln hören – und das unterhalb der Zensur-Schwelle des politisch korrekten I, das nicht mitkriegt, dass es hier eben nicht nur um die Intensität des Produkts geht.
2. Der Claim unterstützt sein eigenes Versprechen durch das Produkt. Nur ein starkes Produkt kann dieses Versprechen stützen. Dazu passend ist die eingebaute Herausforderung durch die Stärke des Produkts: Bist Du bereit? Hast Du das Zeug zum Sieg? Das Bild des »Auf-die-Brust-Trommelns« akzentuiert die Kampf-Analogie und macht das Produkt von vorneherein immun gegen Zweifel. Denn wer das Produkt nicht mag, muss akzeptieren, eben nicht das Zeug zum Sieger zu haben: »Ich bin zu schwach« ist die implizite Botschaft, die man sich selbst nicht eingestehen mag. Das hat übrigens auch eine Marketing-Kehrseite, denn potenzielle User

könnten von vorneherein befürchten, es nicht zu schaffen. Resultat wäre im ungünstigen Fall ein Nicht-Ausprobieren, rein aus Vorsicht.

Wir halten fest: Me und I werden durch die Marke nicht nur einfach abgeholt, sondern vermittelt. Häufig gelingt es Marken gar nicht so gut, Me und I der Verbraucher durch die gleiche Story abzuholen. Im Beispiel von Fisherman's Friend wird das Verbraucher-Me richtig angefixt, und das I erfährt eine Bestätigung durch das »leistungsstarke« Produkt.

Es gibt bei Atemfrische übrigens noch einen weiteren Aspekt: Bei manchen, vielleicht sogar vielen Verbrauchern geht es streng genommen gar nicht mehr um das faktische Wiederherstellen eines guten Atems, wenn man schlechten Atem hat. Sondern um das wahrgenommene Risiko, schlechten Atem zu haben. Denn diesen kann man nur sehr schlecht bei sich selbst feststellen. Ferreros TicTac ist eher auf diesem Insight positioniert: Die ständige Frischeversorgung *just in case*. Es ist möglich, dass Fisherman's Friend die latente Unsicherheit vielleicht nicht ganz so typisch bedient, weil es eher für die Fälle ist, in denen es wirklich zählt. Aber dafür hat Fisherman‹s Friend »mildere« Sorten bereit.

Rebell der Straße

Smart ist ein letztes Beispiel für die Struktur des Me-und-I-Markenmodells. Smart als Marke bewegt die Gemüter der Menschen, weil das Auto ein archaisches Motiv bedient: Im Straßenverkehr geht es um Machtverhältnisse, ähnlich wie im direkten sozialen Miteinander. In Moskau zum Beispiel haben immer Autos Vorfahrt, die groß, schwarz und teuer sind. Das ist in Deutschland zwar nicht ganz so krass, aber die Hackordnung auf der Straße ist trotzdem spürbar. Hier kann man das Spiel mitzuspielen versuchen oder aber die Gegenposition à la »David gegen Goliath« vertreten. Ein besonders kleines Auto ist also entweder ein Nachteil oder Ausdruck einer rebellischen, fast revolutionären Haltung. Rebellion ist in diesem Zusammenhang zwar eher eine ideologisch verklärte Trotzhaltung, aber nichtsdestotrotz im Me verankert. Das I aber hat bei kleinen Autos Fragen: Ist das überhaupt sicher? Kann ich mit einem Smart überhaupt außerhalb der Stadt etwas anfangen? Desweiteren braucht das I Kompensation: Wenn man schon etwas Kleines fährt, möchte man auch faktisch etwas davon haben, z. B. geringen Verbrauch und ein gutes Gefühl der Umwelt gegenüber. Die Brand Proposition aber muss beides in einer Story bedienen. Wie übersetzt man Rebellion sozialadäquat? Und wie fängt man die I-Bedenken auf? Indem man einen Smart als Statement der Unabhängigkeit erklärt – der *urbanen* Unabhängigkeit, denn ohne »urban« ist die neuerdings begrenzte Reichweite (wegen der Umstellung auf E-Mobilität) angebracht. Die Glaubwürdigkeit dieses Versprechens sowohl für I als auch Me untermauern Größe und Nachhaltigkeit.

Allein, es fehlt der Glaube

Und schon sind wir einem weiteren, wichtigen Element jeder Marke auf der Spur, der Glaubwürdigkeit oder dem Brand Support. Hier stecken die Beweise und die Macht des Faktischen. Das können sein: Erfahrung der Marke (brand experience), die Präsenz (brand presence), die Kompetenz (brand competence) oder die Taten der Marke (brand deeds). Eine Marke wie McDonald's z. B. weist (um nur einen Aspekt zu nennen) eine gigantische Präsenz auf, die die Marke mit definiert. Wer kennt es nicht, das heimelige »M« am Horizont, fast egal, wohin man fährt? Bofrost hat hierfür die Kühlwagenflotte und die Volksbanken Raiffeisenbanken die Filialdichte. Die Erfahrung und die Kompetenz einer Marke zählen vor allem bei Produkten, die Vertrauen erfordern, z. B. Beyond Meat – das muss aussehen und schmecken wie Fleisch, sonst ist die Enttäuschung groß! Rügenwalder ist besonders glaubwürdig, da man dort weiß, wie Fleisch schmecken muss. Oder wenn es darum geht, Nachhaltigkeit zu begründen. Was tut man (oder hat man getan) für Nachhaltigkeit (brand deeds)? Marken müssen hier liefern, wie es so schön heißt. Häufig reichen Siegel nicht.

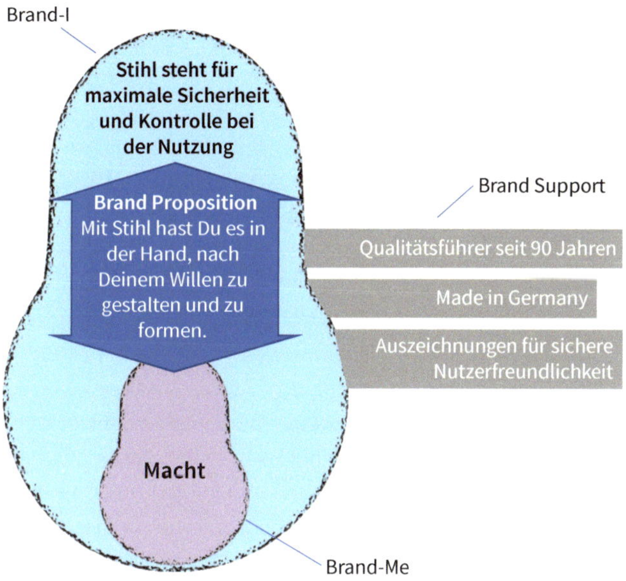

Abb. 16: Me-und-I-Markenmodell für Stihl (Quelle: september Strategie & Forschung)

Das Schweigen der Lämmer

Die Frage zum Brand Support ist häufig: Wie genau erklärt man sich? Wann hat man genug über sich gesagt, dass Verbraucher Vertrauen fassen? Und vor allem, wann zu viel? Transparenz ist nicht immer konstruktiv. So hat eine französische Hypermarchékette einmal eine Transparenz-Idee gehabt. Der französische Verbraucher sollte mehr Vertrauen in die angebotenen Fleischwaren haben. Und so stellte man einen Glaskasten in die Mitte des Marktes (Hypermarchés haben viel Platz), der als Schauplatz der Tierverarbeitung dienen sollte. Darin verrichtete ein Metzger sein Werk. Damit der

Verbraucher nicht allzu genau hinsehen musste, war die Scheibe bis zur Schulterhöhe des Metzgers blickdicht mattiert. Als besonderes Schmankerl hatte man sich ausgedacht, dass die (noch) lebendigen Tiere durch den Markt in diesen Kasten geführt werden sollten. Man konnte also sehen, wie der Metzger ein süßes Lämmchen durch den Markt führte, was Mütter und Kinder gleichermaßen entzückte. Eher traumatisierend waren dann aber das dumpfe Geräusch, das das Meckern des Lämmchens abrupt beendete, sowie die Ansicht des Blutes, das von innen langsam am mattierten Glas herunterlief. Das war dann doch zu viel Transparenz.

Die Geschichte soll einen ganz bestimmten Punkt deutlich machen: Manchmal sind Anbieter so stolz auf ihre Verfahren, dass sie dem Verbraucher alles darüber sagen wollen. Der Verbraucher besteht aber nicht zu 100 % aus einem neugierigen, wissensdurstigen I. Das innere Kind will von so vielem nichts wissen. So entfaltet ein staatliches Biosiegel gerade genug Transparenz und Vertrauen, dass es für den durchschnittlichen Verbraucher ausreicht. Darüber hinaus ins Detail zu gehen, kann ermüdend sein und sogar zu weiteren Fragen animieren: Wo kommt die Ware eigentlich her? Was bedeutet »Bio« genau? Transparenz liefert ab einem gewissen Punkt mehr neue Fragen als Antworten. Es ist nicht so, dass man immer mehr wissen möchte. Mehr zu wissen hat nämlich auch einen gravierenden Nachteil. Je mehr man weiß, desto schwieriger werden die Entscheidungen. Wenn ich als Verbraucher lerne, dass Bioprodukte durchaus einen schlimmen CO_2-Footprint haben können, dürfte mir die Lust am Biokaufen gründlich vergehen – falls ich nicht gut bin im Verdrängen. Das macht meinen Einkauf erheblich komplizierter, denn dann brauche ich ganz neue Alternativen, was mit Aufwand, Zeitverlust und Frustration zusammen hängt – nicht zu reden von höheren Preisen, die ich für mein gutes Gewissen bezahlen muss. Und auch ganz zu schweigen davon, dass meine vergangenen Entscheidungen bis hierhin offensichtlich falsch waren. Von Thomas Gray stammt der Satz »Ignorance is Bliss«, auf Deutsch »Nichtwissen ist Seligkeit«.[21] Wer jetzt angesichts dieses Zitats zornig das Buch zuklappt (»Nichtwissen ist ganz schlimm!«), darf nicht vergessen: Die dritte Kränkung der Menschheit ist nicht umsonst genau das: eine Kränkung. Darüber darf man sich aufregen. Aber es hilft nicht darüber hinweg, dass das innere Kind eine unglaubliche Trägheit aufweist.

Unsere Marktforschungsagentur *september* hat vor Jahren schon einen Test durchgeführt mit fingierten Qualitätssiegeln auf Packungen. Wir haben Studienteilnehmerinnen und -teilnehmern eine Wurstverpackung mit einem Siegel gezeigt. Die Teilnehmer schauten sich die Packung kurz an und sollten daraufhin Fragen beantworten. Mal beinhaltete das Siegel »100 % Qualität«, mal »100 % Inhalt«, was offensichtlich keinen Sinn ergibt. Insgesamt waren fünf Siegel im Rennen, von denen jeder Befragte als Teil der Verpackung nur eins zu sehen bekam. Das Ergebnis: Keines der Siegel wurde ge-

21 Der ganze Satz lautet: »Where ignorance is bliss, 'tis folly to be wise.« (Thomas Gray)

lesen. Im Vergleich zur Verpackung ohne Siegel aber schnitten die Verpackungen mit Siegel als vertrauenswürdiger ab. Das Ergebnis ist so nüchtern wie erstaunlich: Die Kraft der Siegel ist ungebrochen, aber ihr Inhalt interessiert offenbar nicht mehr. Wir sind siegel-müde geworden.

Die beste Empfehlung im Umgang mit Transparenz lautet daher zum Ersten: die Infos, die man hat, so zu kommunizieren, dass man sie als »anders« und »neuartig« interpretiert und hinguckt. Zum Zweiten sollte man nur so viel kommunizieren, wie der Verbraucher wissen will, aber so wenig, wie er wissen muss. Es muss nicht alles auf der Vorderseite der Packung stehen, Hinweise auf der Rückseite und/oder ein Verweis auf die Internetpräsenz bedienen jeden beliebigen Grad an Detailbedürfnis. Informationen dienen in den allermeisten Fällen nicht der Aufklärung, sondern der Absicherung. Die Dosis entscheidet, ob es sich um Arznei oder Gift handelt. Man denke an das süße Lamm aus Frankreich.

Bei der Markenglaubwürdigkeit ist es zentral, das emotionale Versprechen mit der Glaubwürdigkeit kausal zu verknüpfen. Hier darf man nicht den Fehler machen, alles aufzuführen, was es gibt. Denn wir wollen der Falle entkommen, alles in ein Markenmodell hinzupacken, was an Argumenten herumliegt.

Sag mir, warum
Insbesondere die Generation Z, also Verbraucher, die zwischen 2000 und 2019 geboren sind, achten darauf, dass Marken verraten, warum sie überhaupt existieren, was ihr »Why« ist. Sie wollen »Tiefe« und nicht nur Produkte. Sie fordern einen Brand Purpose, aber was ist das eigentlich? Oft Mission Statement genannt, ist der Purpose der *überindividuelle Zweck* der Geschäftstätigkeit einer Marke. Eine Marke definiert über ihren Purpose, welchen Beitrag sie für die Gesellschaft zu leisten vermag. Nicht selten ist im Purpose der auf die Gemeinschaft bezogene Verbraucher-Benefit der Marke enthalten, und dieser Benefit kann je nach Marke eher vom Me- oder vom I ausgehen. Ist es für den Airbnb-Nutzer bequem und auch spannend, bei »Locals« zu übernachten, so liegt der skalierte Benefit für die Allgemeinheit darin, dass airbnb Menschen näher bringt und kulturellen Austausch fördert. Hat der Uber-Kunde die Möglichkeit, günstig überall von A nach B zu kommen, so arbeitet Uber an der Demokratisierung des Transports, so dass alle Menschen in den Genuss von Transport kommen können. Man sieht, Marken haben mit dem Purpose die Möglichkeit, aus ihrem Geschäft in der Wahrnehmung eine Mission zu machen, und die Sinnhaftigkeit des Business zu kommunizieren, nach außen wie nach innen. Allerdings durchschaut der Verbraucher auch leicht all jene Bemühungen von Marken, sich mit einem schnell gebastelten Purpose ein menschliches, beinahe wohltätiges Image zu geben; hier ist Vorsicht geboten: der Purpose treibt mithin auch merkwürdige Blüten. Man darf fragen, wie groß der gesellschaftliche Beitrag wirklich ist, wenn eine Marke die Beseitigung sogenannter First-World-Problems zum Purpose erhebt. So klingt die Mission von bellroy, dicke Portemonnaies zu eliminieren und durch dünne zu ersetzen (»because chunky wallets

are wrong«) etwas bemüht. Wenn die Deutsche Telekom jedoch ihren Beitrag für die Gesellschaft darin sieht, Menschen miteinander zu verbinden (was in der Pandemie noch einmal wichtiger wird), dann ist das nicht nur glaubwürdig, sondern auch hoch relevant – zumal die Telekom diesen Purpose für sich schon definiert hat, bevor Simon Sinek den Begriff Purpose in die Köpfe trug. Je größer ein Anbieter, desto wichtiger ist ein wirklich relevanter Purpose, ansonsten ist Schweigen die bessere Alternative.

Ein Purpose drückt nicht nur einen gesellschaftlichen Beitrag aus, sondern kommuniziert implizit auch noch etwas anderes: Demut. Indem eine Marke sich zum Diener der Gesellschaft macht, anerkennt sie auch ihre Verantwortung für sie. Das muss gelebt und vorgelebt werden. Sei es in Apples Fall darüber, dass iPhones idealerweise unter hohen Arbeits- und Ethikstandards produziert werden – was Apple statt ins Gespräch ins Gerede gebracht hat. Sei es im Fall der Deutschen Bank, dass Macht nicht in Arroganz ausartet, wie in den letzten Jahren bzw. Jahrzehnten geschehen. Man denke an Hilmar Koppers Peanuts-Zitat oder an das Victoryzeichen von Josef Ackermann zu Beginn seines Prozesses.

Abb. 17: Victory-Zeichen von Josef Ackermann (Quelle: Getty Images, Foto: Oliver Berg/AFP Photo Pool)

Auch True Fruits tut sich insgesamt etwas schwer mit dem Purpose – eigentlich eine Marke, die kein Problem mit der glaubwürdigen Kommunikation ihres gesellschaftlichen Beitrags haben sollte: Man versorgt die Menschen mit gesunden, leckeren Produkten, die in vielerlei Hinsicht Maßstäbe in Sachen Gesundheit und Nachhaltigkeit setzen. True Fruits glaubt ohne Zweifel von sich, die Antidiskriminierungs-Agenda nach vorne zu bringen und Ressentiments und Vorurteile in unserer Gesellschaft durch seine Kommunikation anzuprangern. Dies geschieht allerdings auf eine Art und Weise, die das Gegenteil nahelegt. Durch Poster und Plakate handelte sich True Fruits immer wieder Sexismus- und Rassismusvorwürfe ein. Wer beispielsweise ein Plakat mit einer schwarzen Saftflasche veröffentlicht und darüber »Unser Quotenschwarzer« schreibt, kann sich nicht darauf zurückziehen, Missstände der Gesellschaft durch Provokation anzuprangern. Dass die Macher der Marke »klare Kante« zeigen und mit ihren Motiven zum Denken anregen wollen, geht am Mainstream und vor allem an den auf diese Weise betroffenen Personengruppen wie Ausländer oder Frauen völlig vorbei. Diese finden das nämlich mit ziemlicher Sicherheit nicht provokant, sondern schlicht verletzend. Ganz abgesehen von der vermutlich hohen Dunkelziffer von Menschen, die die Plakate aus fremden- oder frauenfeindlichen Motiven heraus gut finden: Applaus von der falschen Seite! True Fruits ist ein Beispiel dafür, wie ein in der eigenen Filterblase gefangenes Management, das übrigens nicht an Marktforschung glaubt, der Auffassung ist, der Mainstream sähe die eigene Kommunikation genauso wie man selbst. Darüber bilde sich jeder sein eigenes Urteil. Wer Verantwortung in Form von Nachhaltigkeit und Gesundheit für sich beansprucht, darf sie an anderer Stelle nicht durch das Schüren von Ressentiments in der Bevölkerung aufs Spiel setzen. Die Sache mit dem Purpose ist also offenbar schwerer als angenommen.

Summary zu Kapitel 2 !

Tor Nørretranders charakterisiert in seinem Me-und-I-Modell das »I« als eine Instanz, die bewusste Entscheidungen aufgrund einer limitierten Informationsaufnahme trifft. Aber diese wird in Wahrheit maßgeblich vom »Me« beeinflusst, ohne dass wir uns darüber im Klaren sind. Während das I auch über die Einhaltung von sozialisierten Normen, Werten und Rollenerwartungen wacht, verfolgt das Me seine mächtige, von Urinstinkten und egoistischen Motiven diktierte Agenda. Damit der Alltag funktioniert, ist das I damit beschäftigt, die Impulse des Me sozialverträglich zu legitimieren und zu filtern. Mit dem Bild einer Matroschka können wir das Me und I besser visualisieren. Aus Gründen der Vereinfachung sagen wir, dass die äußere Matroschka das I und die kleinste, innere Matroschka das Me repräsentiert – eine Sichtweise, die die psychosoziale Entwicklung des Menschen aufgreift: Der Kern des Me wird nicht einfach erwachsen, er bildet Schichten um sich herum. Daher nennen wir das Me etwas plakativ unser »inneres Kind«, zu dem wir nur gelangen, indem wir durch die Schichten blicken. Diese Darstellung, dieses Bild, vermittelt auch ein anschauliches Verständnis des Phänomens der Regression. Für das Marketing bedeutet das Denken in Me und I: Consumer Insights sind erstmals definiert als eine Spannung zwischen beiden Instanzen, die es durch Marken, Produkte und Kommunikation zu reduzieren gilt. Das ist produktiver und realitätsnäher, als Verbrauchern eine lineare Bedürfniserfüllung zu unterstellen. Die Instanzen Me und I bilden auch die Grundlage für ein neues Markenmodell, das das traditionelle Brand Wheel ablösen kann, weil auch Marken im übertragenen Sinne ein Me und ein I unterstellt werden kann.

3 Fehler Nr. 3: Höre nur auf Dein Bauchgefühl

3.1 Der Preis der Ignoranz: Das New-Coke-Beispiel

The Kansas Project

Wir ersparen unseren Leserinnen und Lesern das Ford-Zitat zum Thema »Investition in Werbung«[22], es ist einfach überstrapaziert. Wüsste man als Marketing-Entscheider vorher, welche Folgen Marketing-Investitionen haben, würde sich mancher Misserfolg vermeiden lassen. So weit, so bekannt. Aber vielleicht lohnt es sich, die Rolle von Marktforschung in diesem Zusammenhang näher zu betrachten. Zum Beispiel im Fall der New Coke. Das ist zwar schon 35 Jahre her, aber die Ausmaße des berühmtesten Fehlers der berühmtesten Marke der Welt sind einfach zu episch, als dass man sie verschweigen sollte. Und sie sind eine Warnung an alle, die ihre eigene Intuition über Marktforschungsergebnisse stellen und so das innere Kind des Verbrauchers schlicht und einfach ignorieren.

Brian Dyson, damals Landeschef von Coca-Cola USA, und Sergio Zyman, Marketing Vice President, waren Anfang der 80er Jahre auf einer geheimen Mission. Das Projekt »Kansas« sollte dem ewigen Konkurrenten Pepsi endlich das finale Schnippchen schlagen. Pepsi hatte es geschafft, in den B2C-Verkäufen vor Coca-Cola zu landen, und der Trend sah nicht so aus, als würde er sich ändern. Der Coke-Marktanteil an »Soda Pops« in den USA sank von Kriegsende bis zum Jahr 1983 von 60 % auf unter 24 %. Es kamen äußerst schwierige Zeiten auf Coca-Cola zu, und nur die sehr hohe Anzahl von Ausschanklizenzen in der Gastronomie und die Präsenz von Coca-Cola in Automaten schienen die Entwicklung noch zu verzögern. Blindverkostungen zeigten, dass Verbraucher den süßeren Geschmack von Pepsi dem Coca-Cola-Geschmack vorzogen. Dyson und Zyman konnten und wollten nicht tatenlos zusehen. Und so nahm das Kansas-Projekt seinen Lauf.

Benebelt von der Idee, dass Verbraucher immer etwas Neues wollen, und gefangen in der heroischen Vorstellung, die Marke Coca-Cola zu »retten«, entwickelten sie intern eine neue Rezeptur, die in Blindverkostungen auch hervorragend ankam, besser sogar als die aktuelle Coke-Rezeptur und auch die von Pepsi! Man hatte ihn gefunden, den heiligen Gral.

22 »Half the money I spend on advertising is waste, and the problem is I do not know which half.«

Abb. 18: Werbung für New Coke (Quelle: The Coca-Cola Company)

Die Fokusgruppen waren allerdings nicht ganz so eindeutig. In jeder Gruppe schien es ein oder zwei Querulanten zu geben, die beteuerten: Wenn das die neue Coke wird, bin ich raus! Es gab prominente Stimmen im Kansas-Projekt, die die Ablehner des Konzepts als Einzelfälle interpretierten; Einzelfälle, die die Atmosphäre einer Fokusgruppe regelrecht vergifteten. Das würde in der Realität ja nicht passieren. Man schrieb das Phänomen als Forschungseffekt ab. Trotz des nicht ganz eindeutigen Feedbacks und zahlreicher »Red Flags« in der qualitativen Forschungsarbeit war die Einführung von New Coke beschlossene Sache – die Blindverkostungen sprachen dann doch eine deutliche Sprache. New Coke einzuführen schien immer noch besser, als gar nichts zu tun, und man wollte sich später nicht der Tatenlosigkeit bezichtigen lassen. Außerdem: Wer die berühmteste Marke der Welt rettet, wird in die Annalen der Marketing-Entscheider eingehen. CEO Roberto Goizueta, Boss von Dyson und Zyman, traf die finale Entscheidung, dass New Coke nicht einfach eine weitere Variante von Coke sein sollte. »New Coke or No Coke«, war sein Motto. Die alte Coke sollte durch die neue Coke ersetzt werden. Der Verbraucher sollte spüren, dass man es ernst meinte. New Coke wurde also am 23. April 1985 eingeführt. Und wenig später öffneten sich bei Coca-Cola die Pforten der Hölle.

Die Ablehnung von New Coke war anfangs gar nicht so heftig, im Gegenteil. Weite Teile des Landes, insbesondere der Norden, akzeptierten das Produkt relativ gut. Der Süden aber verlieh seinem Entsetzen und seinem Protest so viel Nachdruck, dass die kritische Masse an öffentlicher bzw. veröffentlichter negativer Meinung überschritten war und die Stimmung im Land kippte, natürlich befeuert von zielgerichteter, spöttischer Pepsi-Kommunikation. Man kann sich vorstellen, wie diese Kampagnen im Land der vergleichenden Werbung ausgesehen haben müssen. Hinzu kam, dass auch die ausländischen Abfüller nicht begeistert waren.

Für die südlichen Protestierer richtete sich die Abkehr vom alten Rezept nicht allein gegen den neuen Geschmack. Für sie handelte es sich um nichts weniger als den Verrat an ihren eigenen Idealen, da Coca-Cola als Kindheitsmarke immer auch als Teil des Südens verstanden wurde, und gerade die »Southerners« lehnten die Änderung ab. Sie hatten den Eindruck, dass der Norden (der New Coke ja akzeptierte) ihnen jetzt »schon wieder« einen Teil ihres Lifestyles weggenommen hatte.[23] Hatte Coca-Cola sich immer als »way of life« positioniert, so muss es im Nachhinein nicht verwundern, dass eine Veränderung in der Marken-DNA einen regelrechten Glaubenskrieg entfachte. Und Glaubenskriege fallen in den USA bekanntlich auf fruchtbaren Boden.

»Hindsight is always 20/20« – im Nachhinein weiß man es immer besser. Aber die Marktforschung im Vorfeld hat die Katastrophe angedeutet. Zum einen sind positive Blindverkostungen nur ein notwendiges, aber kein hinreichendes Kriterium, eine neue Rezeptur zu beschließen. Denn Verbraucher schmecken nicht nur mit dem Gaumen, sondern maßgeblich mit den Augen. Das wusste man auch schon 1983. Und Fokusgruppen muss man psychologisch auswerten, man darf sie nicht als statistisch-repräsentative Untersuchungen behandeln. Wenn also immer einer oder zwei strikt dagegen sind, handelt es sich nicht einfach um eine vernachlässigbare Minderheit,

23 Die Aufzeichnungen lassen die Interpretation zu, dass der Süden das Trauma des verlorenen Bürgerkriegs offenbar noch nicht ganz überwunden hatte.

sondern um eine sehr laute Minderheit, die schnell Zweifel bei der leisen Mehrheit säen kann. Man hatte so getan, als würden die Menschen die Entscheidung pro oder contra New Coke im stillen Kämmerlein treffen. Das ist oft auch so bei kleinen Marken, aber nicht bei der Ikone Coca-Cola! Das Problem: Man hatte vergessen, in PR-Szenarien zu denken und die Ergebnisse vor diesem Hintergrund zu bewerten. Die Eigendynamik der Entscheidung wurde ignoriert und daher auch qua Forschung nicht betrachtet – dabei ist das möglich.[24]

Am schlimmsten ist jedoch die Vernachlässigung des inneren Kindes. Das innere Kind der Coca-Cola-Fans hatte sich an der Marke buchstäblich festgekrallt. Bei anstehenden Veränderungen von Rezepturen darf man nämlich nicht nur den Mainstream befragen, man muss die Fans isolieren und verstehen. Und dann geht es nicht um den besseren oder schlechteren Geschmack, dann geht es darum, ob sich überhaupt etwas verändert! Veränderung ist nämlich für die meisten Menschen erst einmal eine schlechte Nachricht. Ganz pauschal kann man sagen: Das innere Kind hasst Veränderungen. Hier muss man dem Me etwas präsentieren, an das es glauben kann. Hatte man außer einem »besseren Geschmack« etwas zu bieten, das dem inneren Kind gesteigerte Erlebnisse verspricht? War der neue Geschmack physischer Reason-to-Believe eines emotionalen Versprechens, z. B. mehr Bestätigung, mehr Sicherheit oder wenigstens mehr Spaß? Die ganze Kampagne drehte sich um »New Coke« – also um Veränderung. Eine Verbesserung wurde zwar auch ausgelobt, aber »New« heißt erst einmal »New«. Die Obsession mit »Neu« ist in vielen anderen Branchen und Produktbereichen gerechtfertigt. Aber es gibt Dinge, die wollen wir nicht neu und anders haben. Wie sträflich vernachlässigt muss sich das innere Kind da gefühlt haben!

Ein zweiter Punkt: Die Interpretation des I war bei der Entscheidungsfindung überrepräsentiert. Natürlich sagt das I, dass es Veränderungen begrüßt, wenn sie einen besseren Geschmack bieten. Man will sich ja nicht als engstirnig outen. Die Mehrheit der in Gruppendiskussionen Befragten war ja grundsätzlich offen für die Veränderung. Aber Vorsicht: So darf man Gruppendiskussionen nicht lesen. Man muss unterscheiden, wann sich das I äußert und wann das Me. Und vor allem: Wer äußert sich gerade?

24 Wir erinnern uns: als Telekommunikations-Provider um 2010 herum in ihre Flatrate-Verträge Volumenbegrenzungen für exzessive Flatrate-Nutzer hineinschrieben, war das für die nichtbetroffenen Kunden kein Problem. Dennoch hatte unser damaliger Telco-Kunde Bedenken. Er musste vorher absichern, ob es öffentliche Entrüstung geben würde, zu Deutsch: einen Shitstorm. Denn die De-facto-Aufgabe der ungebremsten Flatrate hätte möglicherweise eine betroffene Minderheit (die Extrem-Nutzer) gegen die passive, nicht-betroffene Mehrheit in Stellung gebracht. Um das herauszubekommen, wählten wir ein experimentelles Setting: Die Teilnehmerinnen und Teilnehmer wurden nicht gefragt, wie sie die neue Flatrate fanden, sondern die Entscheidung wurde als »bereits getroffen« dargestellt. Die Nachricht erschien »wie zufällig« auf präparierten Spiegel-Online-Seiten, in jeweils unterschiedlichen Deutungszusammenhängen: wohlwollend, neutral und kritisch. Die Reaktionen waren in allen PR-Szenarien so eindeutig, dass die Entscheidung zur neuen Flatrate verschoben wurde. Ein solches Untersuchungsdesign hätte damals bei Coca-Cola geholfen.

Ein Fan oder ein Marken-Mitläufer? Diesen Punkt hatte man bei der Auswertung offenbar vernachlässigt.

Der dritte und vermeidbarste Punkt: Marktforschung hin, Marktforschung her – wer ein Ergebnis will, findet es in den Daten und Aussagen. Das mag jetzt schockierend klingen, aber wer die Mission hat, die berühmteste Marke der Welt mit einer mutigen Aktion zu retten, entwickelt gezwungenermaßen einen Tunnelblick. Hier fehlte eindeutig eine neutrale Stimme mit Einfluss. Denn gegen ein mächtiges Führungsteam mit einer falschen Vision kann auch die kritischste Forschung nur wenig ausrichten. Es ist häufig zu beklagen, dass das Management generell zu wenig Intuition und gesunden Menschenverstand beweist und Entscheidungen an den Verbrauchern vorbeigetroffen werden. Das New-Coke-Beispiel zeigt aber, dass Intuition auch gründlich falsch liegen kann, und zwar so falsch, dass sogar objektive Marktforschungsdaten verzerrt interpretiert werden – abgesehen von allen anderen handwerklichen Fehlern.

Die augenzwinkernde Folge des New-Coke-Debakels ist übrigens, dass sich Coca-Cola mehr als davon erholt hat. Nachdem die »alte« Coke, diesmal mit dem Zusatz »Classic« medienwirksam beibehalten wurde, dankten die Konsumenten Coca-Cola dies mit höherer Nachfrage als zuvor – nachhaltig. Es ist zu vermuten, dass der New-Coke-Umweg die Wertschätzung der originalen Formel weiter gestärkt hatte, nach dem Motto: Man weiß eine Sache erst zu schätzen, wenn man sie nicht mehr hat. Wenn dies von Anfang geplant gewesen war, Chapeau! Aber von einem geplanten Vorgehen ist wohl eher nicht auszugehen.

3.2 Intuition, Dein falscher Freund

Mit Intuition ist es so eine Sache: Malcom Gladwells Buch »Blink« behandelt die Natur der Intuition und die Frage, warum man so oft damit falsch liegt. Gladwell erzählt die Geschichte des Archäologen, dessen Aufgabe es war, eine antike Statue zu begutachten. Obwohl er bei der Untersuchung keine Indizien für ein Artefakt fand, konnte er sich des Eindrucks nicht erwehren, dass die Statue unerklärlich »frisch« wirkt. Ein später vollzogener Test bestätigte dann auch die Eingebung: Es war eine raffinierte Fälschung!

Hier lag die Intuition richtig. Befragt man aber Studierende der Germanistik zu einer schwierigen Mathematikaufgabe, welche Lösung aus drei Alternativen sich richtig anfühlt (ohne zu rechnen), liegen sie statistisch erwartbar daneben. Hier versagt die Intuition.

Intuition ist oft ein falscher Freund. Wer nicht mindestens ein halbes Leben lang Erfahrung in einer Sache mitbringt, dessen Intuition führt in die Irre. Intuition ist die Intelligenz des inneren Kindes. Intuition ist im besten Falle das Regelwerk, das vom I durch Erfahrung in das Me übersiedelte, um dort viel schneller und effizienter zu arbeiten. Im schlechtesten Falle ist Intuition einfach ein Gefühl, mit dem man mangels Erfahrung wahrscheinlich falsch liegt.[25] Die Frage ist also: Bei welchen Entscheidungen vertraut man auf das innere Kind und welche überlässt man besser dem I, das Pros und Cons abwägen kann?

Wie alle anderen Menschen auch, so haben Markenentscheider ein inneres Kind. Viele erfahrene Markenentscheider sind der festen Überzeugung, genau zu wissen, wie Konsumenten auf ihre Produkte oder ihre Kommunikation reagieren. Sie vertrauen zunächst einmal ihrer Intuition. Das Management von True Fruits z. B. glaubt fest an mutige Entscheidungen. Das kann gut funktionieren, muss es aber nicht – es hängt davon ab, wie gut man sich in den Konsumenten hineinversetzen kann, also wie empathisch das innere Kind ist. Im Falle von Coca-Cola grätschte die eigene Ambition in die Empathie hinein, mit den bekannten Resultaten.

3.3 Alles beginnt mit den richtigen Fragen

Jede systematische Vorbereitung einer Marketingentscheidung beginnt mit den richtigen Fragen. Denn nichts ist schlimmer als ein blinder Fleck bzw. ein schwarzer Schwan – also Dinge, von denen man nicht wusste, dass man sie nicht weiß. Bestimmte Fragen gar nicht zu stellen, kann über Erfolg oder Misserfolg entscheiden. Im New-Coke-Fall »vergaß« das Team des Kansas-Projekts, PR-Szenarien zu testen. Die Frage des Teams war: Wie reagiert ein Konsument auf die neue Coke? Eine mindestens ebenso relevante Frage wäre aber gewesen: Wie reagiert ein Konsument der neuen Coke auf ein negatives Umfeld, bestehend aus schlechter Presse, negativen Nachbarn und spöttischer Pepsi-Werbung? Ob man das so genau vorhersagen kann, steht auf einem anderen Blatt. Aber zumindest wäre es wichtig gewesen, sich diese Fragen zu stellen und so gut wie eben möglich zu beantworten und schließlich in ein gedankliches Modell einzubringen, das die Frage nach Launch oder Nicht-Launch systematisch bewertet – und zwar stringent aus Konsumentensicht.

Angenommen, die richtigen Fragen sind gestellt. Welchen Methoden vertraut man die Beantwortung dieser Fragen an? Wenn eine Marktforschungsmethode auf Fragen antworten soll, für die sie nicht ausgelegt ist, erhält man die falschen Antworten. Und das

25 Lügen sind genauso ein Fall. Zwar hat jeder von uns Erfahrung mit Tausenden von Menschen im Laufe des Lebens gehabt. Aber eine Lüge von der Wahrheit zu unterscheiden, gelingt uns nur in der Hälfte der Fälle. Das liegt daran, dass wir zwar viele Eindrücke gesammelt haben, aber wir »lernen« kaum daraus. Denn ob jemand lügt oder die Wahrheit sagt, erfahren wir im Zweifel nicht. Oder erst so spät, dass wir die Präsentation der Lüge nicht mehr in den Zusammenhang mit der Erkenntnis der Lüge bringen können.

ist schlimmer als gar keine Antworten. Ein Klassiker aus der Marktforschungspraxis ist die qualitative Abfrage von Informationen, die nur repräsentativ Sinn ergeben, z. B. eine Preisabfrage in Gruppendiskussionen. Wer sich auf die in Gruppendiskussionen erhobene Preisakzeptanz verlässt, dürfte sein Produkt in der Regel zu teuer anbieten. Denn Befragte, die ein bis zwei Stunden über eine Innovation sprechen, sind am Schluss so involviert, dass das neue Produkt eine subjektive Wichtigkeit erfährt, die es im Alltag nie hätte. Mit diesem Vorbehalt konfrontiert, beschwichtigen Auftraggeber gerne: Wir wollen ja nur eine grobe Indikation. Doch wenn im Bericht ein Preis steht, steht dort ein Preis. Und der macht sich im schlimmsten Fall in der Organisation selbstständig. Wenn dieser Preis irreführend ist, wäre es besser gewesen, gar keinen Preis zu erfragen.

Umgekehrt passiert es, dass man qualitative, d. h. psychologische Informationen in repräsentativen Umfragen abfragt, z. B. durch offene Fragen nach den Gründen einer Kaufabsicht. Hier gibt es regelmäßig Enttäuschungen, weil man hoffte, die Befragten würden ihr Herz auf der Zunge tragen. Stattdessen sind die Antworten oft zu kurz und meistens eher nichtssagend.

Idealerweise wählt man Methodenkombinationen, z. B. Tiefeninterviews und die Online-Umfrage, so dass die Fragen nach den psychologischen Motiven in den Interviews und die Fragen nach dem Kaufpotenzial in der Online-Umfrage behandelt werden. Dann erwartet man von jeder Methode genau das, was sie leisten kann.

Summary zu Kapitel 3 !

Das New-Coke-Beispiel zeigt, wie wichtig gezielte Marktforschung vor Produkteinführungen und Marketingmaßnahmen ist. Reine Abfragen reichen hier nicht, denn durch sie wird nicht das innere Kind befragt, sondern das I. Und das bestimmt nicht – oder zumindest nicht allein – über den Erfolg oder Misserfolg von Marken. Außerdem kann unser Bauchgefühl Forschung schon deshalb nicht ersetzen, weil das innere Kind der Marketingentscheider eine eigene Agenda verfolgt, die zu einem Tunnelblick führen kann, der die Sicht auf die wahren Emotionen der Konsumentinnen und Konsumenten verschleiert. Das New-Coke-Beispiel zeigt weiterhin, dass es wichtig ist, mit den richtigen Fragen auf alle Szenarien vorbereitet zu sein, z. B. auch auf das Risiko der lauten Minderheit. Die Frage, mit welcher Methodik diese Fragen adressiert werden müssen, gehört zu den zentralen Entscheidungen innerhalb des Marketings.

4 Fehler Nr. 4: Unterschätze die Rolle tiefenpsychologischer Forschung

4.1 Psychologische Repräsentativität

Das innere Kind kann nicht antworten

Neulich in einer Podiumsdiskussion: Die PR-Chefin eines Chemiekonzerns hält ein leidenschaftliches Plädoyer dafür, dass man die Verbraucher ja nur »vernünftig« (!) informieren müsse, dann würden sie schon verstehen, warum sie einen Premiumpreis für die Produkte zahlen sollten. (Da ist er wieder, der Homo oeconomicus.) Eine psychologische Studie halte sie ohnehin für nutzlos, was soll da schon rauskommen? Das seien doch ohnehin alles nur Einzelmeinungen.

Abb. 19: Geheimwaffe Tiefeninterview (Quelle: september Strategie & Forschung)

Die Vorstellung, sich mit wenigen Verbrauchern länger zu unterhalten als mit sehr vielen nur über das vermeintlich »Wesentliche«, hält sich bei vielen Entscheidern hartnäckig. Das C-Level im Management vertraut einer 1.000er-Stichprobe (Befragungslänge 10 Min.) mehr als einer 30er-Stichprobe (Befragungslänge 90 Min.). Worüber wollen die auch 90 Minuten reden? Präzise Fragen können auch kurz und knapp beantwortet werden. Eine 1.000er-Stichprobe mittelt auch die vielen Einzelmeinungen und macht sie schön übersichtlich, und bei nur n = 30 muss es ja verzerrende Tendenzen geben!

Diese Auffassung ist weit verbreitet. Dabei darf man sich nicht täuschen, denn die repräsentative Stichprobe liefert ganz andere Informationen als die qualitative Stichprobe mit n = 30. Während die repräsentative Studie Meinungen, Einstellungen und (Kauf-)Absichten wiedergibt, klärt die qualitative Studie über Motive und Barrieren auf.[26] Abhängig von der Aufgabenstellung liefert sie Consumer Insights, anhand derer man versteht, wie die eigene Marke oder die eigene Kommunikation funktioniert. Während Fragebögen häufig das fertige Ende unserer Meinungs- und Entscheidungsbildung abfragen (also das Ergebnis des Dialogs zwischen Me und I), betreiben Tiefeninterviews »reverse engineering«. Tiefeninterviews versuchen herauszubekommen, wie es zu den Beurteilungen und dem Verhalten gekommen ist und wie sie sich gebildet haben. Tiefeninterviews (und Gruppendiskussionen) sind also am *Verstehen* von Prozessen und Entwicklungen interessiert, Fragebögen an den *Ergebnissen* dieser Prozesse. Diese Me-und-I-Prozesse und Entwicklungen sind universeller Natur. Mit anderen Worten: Wir alle bilden aufgrund von ähnlichen Mechanismen unsere Meinung über, sagen wir, Marmelade ohne Stücke, z. B. Schwartau Samt als erfolgreicher Pionier der Kategorie. Das heißt aber noch lange nicht, dass wir alle stückelose Marmelade mögen oder nicht mögen.

Abb. 20: Samt Erdbeermarmelade von Schwartau (Quelle: Schwartauer Werke)

Die *Funktionsweise und der Dialog* von Me und I gehorchen universellen Regeln, aber das *Ergebnis* dieses Dialogs ist individuell. Deshalb darf man in Gruppendiskussionen die Teilnehmerinnen und Teilnehmer nicht zählen, die das neue Konzept kaufen würden. Leider sind die Standards für Gruppendiskussionen nicht überall gleich hoch.

26 Die Validität von Antworten zu Fragen wie Kaufabsicht in repräsentativen Befragungen ist ein Punkt immer wiederkehrender und oft konstruktiver Debatten. Aus Gründen des roten Fadens wollen wir diese Diskussion hier aber nicht weiter verfolgen.

Zurück zur Marmelade ohne Stücke: Was geht da in uns vor? Sie ist ein weiches Lebensmittel, das den Gaumen streichelt. Viele lieben das an ihr. Andere schätzen das Auf-die-Frucht-Beißen beim Frühstück. Aber woher kommt das? Was macht sanfte Marmelade anders als stückige? Marmelade isst man meist zum Frühstück. Die Marmelade ohne Stücke ist die Verlängerung des Traums als Zeichen einer langsamen, sanften Transition in den harten Tag. Die sanfte Marmelade bedient das innere Kind, das noch schlafen will. Die stückige Marmelade fordert leicht heraus (ohne zu überfordern) und bereitet auf den Tag vor. Hier hat das pflichtbewusste I deutlichere Anteile an der Kaufentscheidung. Das innere Kind kommt bei der stückigen Marmelade aber auch auf seine Kosten, denn es kriegt immerhin etwas Süßes zum Frühstück. Um diese Zusammenhänge zu verstehen, reichen 30 Tiefeninterviews, denn schon nach kurzer Zeit wiederholen sich die Beschreibungen. Wer das verstanden hat, kann die Marke für die sanfte Marmelade nicht nur besser verstehen, sondern auch besser für sie Werbung machen. Es schält sich sogar ein psychologisches Profil der Nutzerinnen und Nutzer heraus. Dass Marmelade eine Bewältigungsstrategie für das innere Kind und das I ist, kommt bei einer rein quantitativen Erforschung mittels Fragebogen natürlich nicht heraus. Soll es aber auch nicht.

Wenn im Vergleich zu quantitativ angelegter Forschung schon eine überschaubare Anzahl von Befragten reicht, um relevante Consumer Insights zu erzeugen und zu definieren, dann handelt es sich nicht um eine statistische Repräsentativität. Es handelt sich um eine *psychologische* Repräsentativität, denn die inneren Prozesse und der Mechanismus der Bildung von Einstellungen laufen universell gleich ab. Ein Marktforschungsprojekt liefert also idealerweise beide Arten von Repräsentativität.

Breaking News: Erdkern aus flüssiger Marmelade!

Ebeneezer Scrooge aus Charles Dickens' Weihnachtsgeschichte hätte gesagt: »Das ist doch alles Humbug. Marmelade als Bewältigungsstrategie, so ein Unsinn. Ich esse Marmelade, weil sie mir schmeckt – wenn sie nicht zu teuer ist.« Ähnliche Reaktionen gibt es hin und wieder auch von Teilnehmerinnen und Teilnehmern an Gruppendiskussionen oder Tiefeninterviews. Hier spricht das I, und das I allein. Und dann gibt es die, die mit ihrem eigenen inneren Kind kommunizieren können. Diese Teilnehmer zeichnen sich in erster Linie dadurch aus, dass sie die Fragen als Einladung verstehen und nicht als Irritation. Wir fragen z. B., wie man Marmelade einem Alien beschreiben würde. Oder was einem bei Marmelade spontan durch den Kopf geht, sozusagen als Door Opener. Wenn Menschen versuchen, die Konsistenz der Früchte in der Marmelade zu beschreiben und wie sich das im Mund anfühlt, dann merken sie, dass sie noch niemals in ihrem Leben darüber gesprochen haben und wie spannend es ist, sich darüber Gedanken zu machen. Freud sagte einst sinngemäß: »Wenn ein Patient Dir berichtet, der Erdkern bestehe aus flüssiger Marmelade, so frage ihn nach der Sorte.« Dieses Bonmot ist ein Beispiel für ein Me-orientiertes Interviews. Denn wer angesichts solcher Thesen die Augenbraue hebt und reflexartig »Hä?« antwortet, hat das Me an dieser Stelle verloren.

Über Erzählungen und Beschreibungen nähern sich Teilnehmerinnen und Teilnehmer im Tiefeninterview oder in Gruppendiskussion ihrem inneren Kind an, aber nur solange, wie ihr I es nicht mitbekommt. Die sogenannte Introspektion (In-sich-Hineinhören) geschieht am besten ohne Zensur des I. Oder plastisch ausgedrückt: wenn sich das innere Kind am Türwächter des Verstandes vorbeischmuggelt. Denn das I schaltet sich automatisch ein, wenn es sich beobachtet oder bewertet vorkommt. Deshalb sollte der Interviewer während des Interviews möglichst nicht mitschreiben, ebenso sind offensichtliche Korrekturen z. B. von Aussprache (»Sie meinen Google, nicht Goggle«) tunlichst zu unterlassen. Das bedeutet nicht, dass der Interviewer sich jeglicher Emotionen enthalten soll. Manchmal ist eine bewusste Provokation sogar ganz hilfreich, um Probanden aus der Reserve zu locken, weil ihr I beschlossen hat, nichts mehr zu offenbaren. Aber grundsätzlich soll der Interviewer die Antworten durch sein Verhalten nicht beeinflussen, sondern eine wohlwollend-neutrale Grundhaltung einnehmen. Wir nennen das »professionelle Naivität«. Unter professionell naiv verstehen wir, dass der Interviewer sich bewusst dumm stellen darf, ohne der Teilnehmerin oder dem Teilnehmer das Gefühl zu geben, man wolle sie oder ihn auf den Arm nehmen. Durch die professionelle Naivität brechen wir vermeintlich Selbstverständliches auf. Wenn eine Teilnehmerin im Interview beispielsweise sagt »Morgens krieg ich nix runter zum Frühstück, das geht ja ganz vielen so«, sollte der Interviewer, statt beipflichtend zu nicken, z. B. folgende Anschlussfrage stellen: »Wie fühlt sich das denn an, wenn Sie, wie Sie sagen, morgens nix runterkriegen?« oder »Wie würden Sie sich denn fühlen, wenn Sie morgens etwas essen würden?« So kommt man darauf, dass viele Menschen ein schlechtes Gewissen haben, nicht zu frühstücken, weil ihre Mutter ihnen eingetrichtert hat, dass man morgens essen soll wie ein Kaiser. Aber das morgendliche Frühstück fühlt sich für Nichtfrühstücker zu voll und zu viel an – viele berichten, ihnen würde schlecht, wenn sie gleich etwas auf leeren Magen essen würden. Es ergibt sich ein basaler Insight aus Me (will nichts essen) und I (sollte etwas essen). Auf dieser Grundlage gibt es Produkte, die dem Nichtfrühstücker das Frühstücken »on-the-go« ermöglichen sollen, aber keines davon war wirklich erfolgreich. Wenn das innere Kind etwas nicht will, dann will es halt nicht. Schlechtes Gewissen verkauft Versicherungen, aber kein Frühstück.

Dem I ist vieles peinlich, es ist sogar ein bisschen neurotisch. Wir hatten ja festgehalten, dass es merkt, wenn es beobachtet oder bewertet wird. Hier steckt so etwas wie ein Urdilemma von Marktforschung: In dem Moment, in dem Teilnehmerinnen und Teilnehmer sich der Forschung bewusst sind, übernimmt das I die Kontrolle. Es ist ein bisschen wie Schrödingers Katze. Wollen wir das Experiment beobachten, ist die Katze schon tot.[27] Oder um es weniger drastisch zu formulieren: Die Teilnehmer haben ein Bild von sich, wie sie »rüberkommen«, und passen ihr Verhalten und ihre Aussagen daran an. Dieses Phänomen ist in der Marktforschung als »soziale Erwünschtheit« bekannt. Dagegen gibt es in der qualitativen Werkzeug-Box ein paar Techniken:

Wie Sie soziale Erwünschtheit reduzieren und das innere Kind in den Fokus nehmen !

Outside-in: Das Gespräch beginnt völlig gefahrlos für das I und dreht sich um »ungefährliche« Inhalte, um dann Schritt für Schritt zum inneren Kind vorzudringen – in einem Tempo, bei dem das I das Gefühl hat, die Kontrolle zu behalten.

Wash-out: Eine Variante des Outside-in ist der der Therapie entliehene Wash-out: hier sollen sich die Teilnehmer erst einmal ordentlich »auskotzen« (z. B. über Corona, über Werbung, über »das alles«), so dass ihr I das Gefühl hat, zu Wort gekommen zu sein. Wir dürfen nicht vergessen: In der Praxis haben viele Teilnehmerinnen und Teilnehmer von Befragungen und Diskussionsrunden selten Gelegenheit, einmal ihre ungeschminkte, nicht sanktionierte Meinung zu sagen. Die anschließende Diskussion dreht sich umso leichter um Themen, die das innere Kind betreffen – so als ob eine Last von ihnen genommen wurde.

Akklimatisierung: Ähnlich der Technik des Outside-in, soll sich das I an die Umgebung gewöhnen. Das ist vor allem in Gruppendiskussionen der Fall, wenn man zusammen mit einer Anzahl von Fremden plötzlich über Themen reden soll. Bevor es losgeht, empfiehlt es sich, dass die Teilnehmerinnen und Teilnehmer 30 Minuten mit dem Moderator über Dinge sprechen, die nichts mit dem Thema des Abends zu tun haben. Dabei soll man die anderen mit Vornamen ansprechen und sie so kennen lernen. Alles andere fällt dann umso leichter.

Ablenkung: Gerade bei Marken-Collagen ist Ablenkung hilfreich. Teilnehmerinnen und Teilnehmer schneidern häufig mit einer Schere und Kleber perfekte Kunstwerke aus Zeitschriften, um später eine eindrucksvolle Story darüber erzählen zu können, warum sie was geklebt haben. Das ist zwar hübsch, aber es lässt sich psychologisch nicht auswerten, da es sich um I-Kunstwerke handelt. Stattdessen verwickelt der Moderator die Teilnehmer im Sinne der Ablenkung in ein Gespräch über ihre Hobbys (u. Ä.), während sie die Bilder auswählen und kleben. Wir erinnern uns an die 7-Bit-Bandbreite des I: Mehr als Plaudern und Ausschneiden geht nicht, so dass das Me bei der Bildauswahl einspringt. Es entsteht eine Marken-Collage, bei der das I Mühe hat zu erklären, wie sie zustande kam. Dann ist es eine konstruktive Collage. Besonders ausdrucksstarke Collagen entstehen meist beim Vergleich zweier Marken.

Sanfter Druck: Das I reagiert sehr sensibel auf Druck. Das kennen wir alle: Unter Druck geschehen Fehler. Die Fehler des I, auf die wir in der Forschung setzen, sind keine Fehler im klassischen Sinne, sondern Unaufmerksamkeiten, bei denen die Kontrolle des I kurzfristig nachlässt, so dass sich das Me äußern kann – und wird. Dies kann Zeitdruck sein (sog. Speed-Collagen, die in fünf Minuten fertig sein müssen, analog zur Technik der Ablenkung) oder Nachdruck von Seiten des Moderators – so geschehen in einer Fokusgruppe zu Premiumschokolade, in der der Moderator den Probanden fragte, für welche Momente er denn diese (sehr wertige) Schokolade kaufen würde. Der Moderator fragte die gleiche Frage mehrmals (»wann genau?«) und bekam als Antwort immer »im Alltag«, bis es schließlich aus dem Konsumenten herausbrach: »Sonntag Nachmit-

27 Schrödingers Katze bezieht sich auf ein Gedankenexperiment aus der Quantenphysik, nach der die Beobachtung eines Experiments das Experiment selbst beeinflusst.

tag!« Sein I wollte so souverän sein, die teure Schokolade jederzeit zu essen, aber sein Me offenbarte, was er wirklich fühlte: dass diese Schokolade nur für ganz bestimmte Momente sein sollte.

Projektion: Die klassische Methode, um an das Me zu gelangen, ist die Projektion oder das »asking for a friend«. Indem das I aufgefordert wird, über jemand anderen zu sprechen, kommen Motive zum Vorschein, die dem I peinlich wären, wenn es über sich selbst spräche. So könnte man beispielsweise eine Teilnehmerin auffordern, eine Werbung aus Sicht eines Siebenjährigen zu beschreiben, um an die Botschaften für das innere Kind zu gelangen. Oder man würde eine Marke beschreiben lassen, als wäre sie eine Person.[28] Wie bei Collagen lässt man Markenprojektionen nebeneinander entstehen, so dass man zwei Wettbewerber-Marken vergleichen kann.

Reise an die Wurzeln: Wir führen Teilnehmerinnen und Teilnehmer an ihre ersten Erinnerungen mit Marken oder Produkten zurück. Wie haben sie als Kind z. B. Geschirrspüler wahrgenommen, Kaffee oder das Happy Meal bei McDonald's? Wofür standen diese Dinge, was repräsentierten sie? So war der Geschirrspüler möglicherweise etwas »Magisches« (weil er aus dreckigem Geschirr sauberes zauberte) und Kaffee stand für ein friedliches Zusammensein mit dem typischen Aroma. Das Happy Meal war vielleicht der Moment, in dem man Papa ganz für sich hatte. So kommt man an ursprüngliche Erinnerungen des inneren Kindes heran, die man später für Kommunikation, Marken- und Innovationsentwicklung nutzen kann.

Experiment: Verbraucher beurteilen neue Dinge meist nicht authentisch, wenn sie wissen, dass ihre Antworten Einfluss darauf haben, ob etwas eingeführt wird oder nicht. Die Agenda des I ist zu überladen, denn die Teilnehmerinnen und Teilnehmer an Innovationsmarktforschung sind sich immer dessen bewusst, was sie sagen und wie sie argumentieren. Im Experiment wissen die Teilnehmer nicht, weshalb sie da sind, so dass sie unbefangener (sprich: mit dem inneren Kind) sagen können, wie sie etwas finden. Beispiel: 2017 führte die Telekom Strom ein. Die vorbereitende Marktforschung las den Teilnehmern nicht einfach die Idee vor, sondern simulierte auf Bildschirmen im Wartebereich des Marktforschungsstudios ein aus U-Bahnen bekanntes News-Format, in dem »News« von der Telekom und dem Strom gezeigt wurde. Derart informiert diskutierten die Teilnehmer auf dem Stichwort »Telekom« sogleich die Neuigkeit, als sei sie wahr. Die Beurteilung dieses »Fakts« geschah viel authentischer und lebensnäher, als wenn man nur eine Idee als Text vorgelesen hätte.

Kein Warum: Es gibt wohl kaum eine Frage, die das I besser zu triggern versteht, als die Warum-Frage. Auf »Warum« antwortet das I, weil dies seine ureigene Aufgabe ist: Sinn aus dem zu produzieren, was das innere Kind angestellt hat. In der tiefenpsychologischen Arbeit verwendet man daher Fragen wie »Wie kommt das?« oder »Woran machen Sie das fest?«, um den Erzählstrang so beschreibend – und nicht erklärend – wie möglich zu gestalten.

28 Das Problem mit der Personifizierung von Marken ist häufig, dass die Merkmale der Person wortwörtlich auf die Marke zurückübertragen werden. So erfährt der Auftraggeber, dass seine Marke männlich sei, mittelalt und gerne Urlaub macht. Inwiefern solche deskriptiven Aussagen hilfreich sind, bleibt dahin gestellt. Erst der analytische Transfer und der Vergleich mit anderen Marken generiert einen Mehrwert an Erkenntnis.

4.2 Marktforschung: Sichtflug statt Blindflug

Beschreibungen und nicht Bewertungen sind das Mantra guter qualitativer Interviews (in den Beschreibungen kommen die Wertungen ohnehin vor). Frei nach Franz Kafka: Damit eine Sache fantastisch wird, muss man nur bereit sein, sie ganz genau zu beschreiben. Das Psychodrama von alltäglichen Produkten und Marken breitet sich vor uns aus, wenn wir uns voll und ganz auf sie einlassen. Manche Teilnehmerinnen und Teilnehmer können das nicht so gut. Hier helfen die beschriebenen Techniken. Aber letztlich kommt es darauf an, wie gut ein Mensch sein inneres Kind akzeptieren kann, um sich auf die Details im Erleben von Marken und Produkten einzulassen. Wer seinem inneren Kind sehr nah ist, tendiert ohnehin dazu, seine grundlegenden Bedürfnisse zu erkennen und ernst zu nehmen. Ein allzu ausgeprägtes I sorgt nicht selten dafür, dass Menschen ihre Bedürfnisse ausblenden und verdrängen. Häufig treffen wir auf Teilnehmer in Studien, die auf die Frage danach, wie sie sich nach dem Aufstehen fühlen, ähnlich einer kaputten Schallplatte nichts anderes sagen können als »müde«.

Abb. 21: Morgengrauen (Quelle: Pexels, Foto: Andrea Piacquadio)

Es muss nicht überraschen, dass Teilnehmerinnen und Teilnehmer über die Dinge, nach denen sie im Tiefeninterview gefragt werden, noch nie in ihrem Leben nachgedacht haben. Manche sind in der Lage, sich selbst treffend zu beschreiben. Andere hingegen verstehen die Frage nicht. Das I setzt hier die Grenzen, in denen Teilnehmer sich wohl fühlen (in ihrer Komfortzone). Aufgabe des Interviewers ist es, sie mindestens bis an diese Grenzen zu führen oder mit ihnen diese Grenzen zu überqueren. Das kann, je nach Thema, auch herausfordernd sein. Je weiter Teilnehmer von ihrem Me entfernt sind, desto erschöpfter sind sie nach 90 Minuten. In den allermeisten Fällen aber sind Teilnehmer positiv überrascht, was da alles in ihnen steckt. Die Berührung mit ihrem inneren Kind war eine Bereicherung: Sie waren es nur einfach nicht gewohnt, in sich hineinzuhorchen.

Unerfahrene Interviewer unterliegen auch dem Phänomen des I als Türsteher. Allerdings bei sich selbst. Ein Interview über die schlüpfrigen Aspekte von Unterwäsche kann zu einer verbalen Steinwüste werden, wenn der Interviewer selbst nicht in der Lage ist, sein konservatives Mindset loszulassen. Das I setzt die Grenze auf Seiten des Teilnehmers an der Marktforschung, aber es sollte nicht die Grenze auf Seiten des Fragenden setzen.

So geschehen in einem kürzlich erlebten Gespräch über Tinder. Es ist unfassbar, wie sachlich Menschen dazu in der Lage sind, über ihre ältesten (Sexual-)Triebe zu sprechen. Da wird Tinder zu einem effizienten Social-Tool. Eins steht fest: Wenn wir das innere Kind befragen und etwas von ihm lernen können, ohne dass sich das I ständig als Wächter aufführt, wird es nie langweilig. Sondern ausgesprochen spannend.

4.3 Die Auswertung von Gruppendiskussionen und Tiefeninterviews

Verbraucher verteilen Papierblumen und Marktforscher riechen begeistert daran

Marktforscher und Marketeers werden ihrer Verantwortung gerecht, wenn sie gegenüber den Shareholdern in Erfahrung bringen, was der Markt braucht und will – und ob man auf dem richtigen Kurs ist. Denn Marken, die im Sichtflug unterwegs sind oder nur aus dem Bauch heraus entscheiden, können durchaus daneben liegen. Allerdings müssen die, die Marktforschung betreiben, das Gelernte auch interpretieren (bzw. die Interpretation des Dienstleisters überprüfen). Dazu gehört, das von Teilnehmerinnen und Teilnehmern in Gruppendiskussionen Gesagte zu gewichten und ggf. zu ignorieren. Sie haben richtig gelesen. Das fühlt sich auf jeden Fall nicht gut an: Da organisiert man »für teuer Geld« eine qualitative Marktforschung, und man soll nicht jedes Wort verwerten, das man mitbekommt? Andererseits, was ist die Alternative? Dass man auch den gesamten Inhalt mitverwertet, den das I im Zuge seiner Rationalisierungen mitteilen möchte? Das hieße Eulen nach Athen tragen.

Wie sich bereits herauskristallisiert hat, kommt es darauf an, ob man die Motive des inneren Kindes kennt oder nur die sozial verträgliche Übersetzung des I. Denn im schlimmsten Fall begeht das Brand- oder Product-Management Fehler auf zwei Ebenen. Wir reden ja nicht nur über Flops, sondern auch über die vielen entgangenen Chancen, die sich aus Ideen ergeben, die befragte Konsumentinnen und Konsumenten abgelehnt haben. Wir schätzen aus eigener Praxis, dass 90 % der Fehler solche sind, die durch Unterlassung passieren und nicht durch falsche Einführungen.[29] Dies passt zur Risikoaversion von Entscheidern. Wir definieren dafür einen eigenen Begriff: den Negative Recommendation Bias. Welcher Manager möchte seinen Vorgesetzten erklären, warum die Produktidee ein Misserfolg war? Dann lieber nicht auf den Markt bringen.

Summary zu Kapitel 4 !

Qualitative (psychologische) und quantitative (fallzahlintensive) Forschung sind keine Gegenspieler, weil sie unterschiedliche Informationen liefern. Problematisch ist nur die Ersetzung des einen durch das andere. Tiefeninterviews und Fokusgruppen sind zwar nicht statistisch, aber dafür psychologisch repräsentativ. In tiefenpsychologischen Gesprächen ist es möglich, Consumer Insights herauszuarbeiten, indem die Wünsche des inneren Kindes identifiziert werden. Dies ist quantitativen Verfahren mit Ausnahmen verwehrt. Beide Methodenwelten sprechen mit dem I als der »Benutzeroberfläche« des Menschen. Quantitative Methoden fragen das Ergebnis desjenigen Prozesses ab, der durch den inneren Me-und-I-Dialog zustande kommt. Qualitative Methoden rekonstruieren diesen Dialog und zeigen auf, welche Konflikte in der jeweiligen Produktkategorie vorherrschen und wie sie zu behandeln sind. Dazu stehen verschiedene Techniken zur Verfügung, u. a. Projektion, Wash-out, Ablenkung u. v. m. Idealerweise liefert Marktforschung sowohl statistische als auch psychologische Repräsentativität – oft eine Frage von Zeit, Budget und Erfahrung. Nicht zuletzt aber sind die Ergebnisse qualitativer Forschung abhängig davon, ob und in welchem Maße Befragte einen Zugang zu ihrem inneren Kind finden (Introspektion), da die Mehrheit keine Übung darin hat, ihr inneres Kind zu Wort kommen zu lassen.

29 Rein quantitativ bilden die Neueinführungen 10 % aller Go/No-Go-Entscheidungen ab, d. h. in 90 % der Fälle wird gegen das Neuprodukt entschieden. Wenn die Erfolgsrate der erschienenen Produkte bei 10 % liegt, ist die Netto-Erfolgsquote von Produktkonzepten nicht 10 %, sondern 1 %.

5 Fehler Nr. 5: Ignoriere moderne Marktforschungsmethoden

5.1 Verbraucher ticken nach uralten Regeln

Homo sapiens: ganz der Alte

Erst vor kurzem in einer Boutique erlebt: Eine Frau entdeckt eine Handtasche, ist aber unschlüssig, ob sie sie kaufen soll. Nachdem sie sie wieder zurückgelegt hat, nähert sich eine zweite Kundin. Erst als diese sich die Handtasche greift und näher anschaut, ist auch bei der ersten Kundin plötzlich das Interesse wieder geweckt. Und zwar nur, weil sie sich auf einmal mit einer ihr völlig fremden Frau in einer Konkurrenzsituation um diese Tasche sieht. Der Hinweis der Verkäuferin, man habe noch mehr dieser Taschen auf Lager, entspannt die Situation schlagartig, und so kauft keine der Kundinnen die Tasche. Irrational? In der Tat. Unerklärbar? Mitnichten.

Schauen wir uns noch eine Geschichte an: die Story des Black Friday. Am Freitag nach Thanksgiving bietet der stationäre und digitale Handel in den USA traditionell Discounts auf die Sortimente an. In Deutschland gibt es den Black Friday bekanntlich auch schon ein paar Jahre. Überall werden Rabatte angeboten, und der durchschnittliche Konsument kann sich vor Black-Friday-Werbung kaum mehr retten. Es wird gekauft wie verrückt. Auch wenn die Verbraucher noch so oft darauf beharren, wegen der Schnäppchen zu kaufen, so wies das ZDF-Wirtschaftsmagazin Wiso kürzlich darauf hin, dass man am Black Friday nur in Ausnahmefällen tatsächlich ein Schnäppchen machen kann!

Abb. 22: Black Friday (Quelle: Pexels, Foto: Artem Beliaikin)

Was am Black Friday oder im Taschenladen passiert, ist keine Frage des Brauchens, sondern eine Frage des Wollens – wahrscheinlich sogar des Müssens. Der Soziobiologe und emeritierte Harvard-Professor Edward O. Wilson arbeitet in seinem Buch »The Social Conquest of Earth« heraus, dass der frühe Mensch ums Überleben hatte kämpfen müssen. Der Überlebensinstinkt ist in uns, genauer: in unserem Me ganz tief verankert, weshalb sich unsere Vorfahren zu sozialen Gruppen zusammengeschlossen hatten, damit ihr Überleben gesichert ist. Dieser Überlebenskampf war geprägt von einer Regel beziehungsweise Erkenntnis: Was es zum Überleben brauchte, gab es nicht im Überfluss, sondern nur begrenzt. Das galt insbesondere für Wärme, Schutz und Nahrung. Hatte man Hunger, dann musste man jagen oder Beeren, Pilze oder Nüsse sammeln. Wollte man Wärme, musste man sich seinen Platz am Feuer verdienen. Geriet der frühe Mensch ins Hintertreffen und bekam weder Nahrung noch Wärme, musste er hungern und höchstwahrscheinlich sterben. Von den Dingen, die man zum Überleben brauchte, gab es nie genug für alle in der Gruppe. Man lebte quasi ständig im Mangel. Das Gerangel um die knappen Ressourcen war groß. Dies führte im Laufe der Zeit zu einer Art Survival-Reflex. Dieser äußerte sich auf drei Ebenen:

1. **Sei schneller:** Wo viele etwas begehrten, musste man vorne mit dabei sein oder man hatte das ungemütliche bzw. tödliche Nachsehen. Wer nicht kräftig war, musste halt dafür schnell und wendig sein, um in der ersten Reihe an Nahrung und Wärme zu gelangen.
2. **Kritiklosigkeit:** Wer sich den Zugriff z. B. auf das Essen erkämpft hatte, konnte es sich nicht leisten, wählerisch zu sein, genauer hinzusehen oder sich zu fragen, ob man überhaupt gerade Hunger hat. Dann langte man zu, Nachdenken kam (wenn überhaupt) später.
3. **Antipathie:** Diejenigen, gegen die man sich durchsetzen muss, mag man meist nicht. Man könnte ja annehmen, dass solche Rangeleien sportlich genommen werden und nicht persönlich. Aber so ist der Mensch: Sympathie und Überleben lassen sich nicht trennen.

Die Hölle, das sind die anderen

Seit damals ist der Mensch darauf programmiert zu wittern, worauf sich die anderen stürzen, um ihnen zuvorzukommen. Der soziale Wettbewerb ist quasi ein unbewusster Trigger mitzumachen – man könnte ja das Nachsehen haben. Das Me ist die Heimat dieser und anderer Reflexe, bei denen das I damit beschäftigt ist, zum einen das Verhalten zu unterbinden bzw. sich Storys zurechtzulegen, die das Verhalten sinnvoll erklären. Wir können noch so kultiviert sein, wir haben Mühe, mit unserem I gegen das Me-Programm anzukämpfen. Denn das, was die Kundin im Taschengeschäft erlebte und was Tausende von Konsumentinnen und Konsumenten am Black Friday erfahren, setzt hier an: Wenn Dinge im Preis heruntergesetzt werden, und jeder weiß, dass das jeder weiß, dann ist klar: Jetzt zählt jede Sekunde! Evolutionär betrachtet, kaufen wir um unser Leben!

Dummerweise bringt der Survival-Reflex auch die bereits erwähnte Kritiklosigkeit mit sich. Denn ob das gekaufte Produkt wirklich benötigt wird oder nicht, erschließt sich oft erst nach dem Kauf – Ärger über sinnlose Käufe inklusive. Und da ist es wirklich egal, ob der Grund für den Erfolg des »Black Friday« in einer echten oder künstlichen Verknappung von Produkten liegt. Es zählt, was sich im 60.000 Jahre alten Gehirn abspielt.

Interessanterweise ist der Survival-Reflex ein soziales Phänomen, kein individuelles. Mit anderen Worten: Der Glaube, man mache den Schnäppchenkauf mit sich selbst aus, muss als veraltet gelten. Wir kaufen im Bewusstsein der um die knappen Ressourcen konkurrierenden Anderen. Jean-Paul Sartres Satz aus dem Drama »Geschlossene Gesellschaft« könnte auf den Black Friday hin geschrieben worden sein: »Die Hölle, das sind die anderen«. Denn ohne die omnipräsente Masse der Anderen vor unserem geistigen Auge, mit denen wir laut unserem Urzeitprogramm ständig ums Überleben ringen, würde Black Friday nicht funktionieren. Am Grabbeltisch im Ein-Euro-Laden muss man sich die konkurrierenden Anderen noch nicht einmal vorstellen. Deshalb funktioniert er so gut. Und so definiert die Begehrlichkeit eines Produkts in den Augen anderer die Begehrlichkeit bzw. sogar die Notwendigkeit, die man selbst empfindet, ganz maßgeblich. Es tritt also neben die klassischen emotionalen und funktionalen Benefits, die den wahrgenommenen Wert eines Produkts bestimmen, ein dritter, situativer Benefit: der des Konkurrenzwerts. In Handelsmarketingbüchern sind der evolutionäre Survival-Reflex und die psychologischen Motive dahinter bislang gar nicht erklärt. Hinter dem Erfolg der künstlichen Verknappung steckt immer ein Survival-Reflex. Der Hinweis auf Hotelbuchungsportalen: »nur noch zwei Zimmer« triggert nichts anderes als den urzeitlichen Kampf um den Schlafplatz. Und es gibt viele weitere Beispiele.

Diese uralten Reflexe zeigen sich, wie die Beispiele illustrieren, auch heute noch. Wir hätten gerne, dass wir die denkenden Menschen sind, die alles rational beurteilen und dann die beste Wahl treffen. Der Homo oeconomicus ist eine Idealvorstellung, weshalb sich dieses Bild auch so hartnäckig hält. Aber wir können unserem Urzeitprogramm nicht entrinnen. Dieses Programm läuft in uns ab auch bei den banalsten Vorgängen und nicht nur, wenn es ums Überleben geht.

Edward O. Wilson bringt es auf den Punkt: »We have created a Star Wars civilization with stone age emotions.«[30] Uralte Mechanismen regieren unser Verhalten, und das Me ist ihr Zentrum. So modern und fortschrittlich wir uns fühlen, so rückschrittlich verhalten wir uns.

30 Das vollständige Zitat lautet: »We have created a *Star Wars civilization*, with *Stone Age emotions*, medieval institutions, and godlike technology.«

5.2 Emotionen sind fest mit dem Körper verdrahtet

Wenn wir uns die Verbindung von Verhalten und uralten Überlebensprogrammen genauer ansehen wollen, müssen wir uns zunächst mit dem Emotionsbegriff befassen. Emotionen sind nicht ein anderes Wort für Gefühle mit neun Buchstaben, wie in Kreuzworträtseln häufig gefragt. Gefühle sind das, was wir bewusst wahrnehmen, wenn wir lachen, weinen oder Eifersucht empfinden. Gefühle sind die wahrnehmbare Spitze des Eisbergs, der aus Emotionen besteht. Emotionen sind im Kern chemische Prozesse, die körperliche Auswirkungen auf uns haben und ohne die wir nicht lebensfähig wären. Diese körperlichen Manifestationen von Emotionen bezeichnet der Neurowissenschaftler Antonio Damasio als somatische Marker.[31] Damasio und sein Kollege Antoine Bechara beschäftigten sich mit der engen Verknüpfung von emotionalen Prozessen und Verhalten, insbesondere bei der Entscheidungsbildung. »Somatische Marker« sind im Menschen verkörperlichte emotionale Erfahrungen, die auf direktem Weg Entscheidungen beeinflussen, ohne dass wir darüber nachdenken. Dies hat uns die Evolution durch das Me mitgegeben, denn es haben sich ausschließlich Menschen mit einem Genpool weiterentwickelt, die Gefahren sofort erkennen und entsprechend reagieren konnten – ohne mit ihrem I darüber nachzudenken.

Externe und interne Reize sind in der Lage, unsere somatischen Marker zu aktivieren. Beim Anblick eines Säbelzahntigers haben sich völlig spontan die Blutgefäße des frühen Menschen verengt, so dass er schneller reagieren konnte. Die Schweißdrüsen der Hände wurden aktiviert, um im Baum besser Halt an den Ästen zu finden. Und bevor sich der frühe Mensch versah, saß er sicher in der Baumkrone, ohne auch nur einen Gedanken daran verschwendet zu haben, wie genau er dorthin kam.

Die direkte Verdrahtung zwischen Reizen und Verhalten geht auf Prozesse im Me zurück, die wir nicht steuern können. Auch heute noch sind diese Prozesse aktiv: Wann immer wir dem Urzeitprogramm mit Verve folgen, kann man dies über die somatischen Marker feststellen. Aber sie sind ja auch am Werk bei kleinsten und alltäglichsten Beschäftigungen – und nicht nur, wenn wir uns aufregen oder dem Survival-Reflex beim Kaufen folgen.

Der Körper ist eine Plaudertasche

Wir haben im Kapitel 4 im Rahmen von Tiefeninterviews diskutiert, wie man an das innere Kind herankommt, ohne dass das I allzu sehr »dazwischenfunkt«. Natürlich ist es wichtig zu wissen, was uns das I, die Benutzeroberfläche, sagen will. Aber wir dürfen I- und Me-Interessen nicht verwechseln oder gar das, was das I uns über sich sagt, für das halten, was das innere Kind will. Tiefenpsychologie ist ein Grundpfeiler unserer

31 Antonio Damasio: »Descartes' Error: Emotion, Reason, and the Human Brain«, Avon Books 1994.

Arbeit als Forscherinnen und Berater, um informierte, relevante und vor allem richtige Entscheidungen zu treffen.

Aber es gibt mehr. Der Körper hat uns offensichtlich viel zu sagen. Man muss kein Experte sein, um zu beurteilen, ob jemand nervös ist (Zittern, Schwitzen), sich freut (breites Lachen, bei dem die Augen mitlachen) oder deprimiert ist (eingefallene Schultern, herabhängender Kopf usw.). Die Körpersprache ist ein mächtiges Tool der Erkenntnis, sogar der Manipulation. Der Pantomime Samy Molcho machte durch öffentliche Auftritte, Vorträge und Seminare vor allem in den 80er und 90er Jahren auf sich aufmerksam. Er war es, der der breiten Öffentlichkeit die Macht der Körpersprache näherbrachte. Parallel dazu wurde das Neuro-Linguistische Programmieren (NLP) bekannt, eine Methode zum Lesen und Beeinflussen des Gegenübers – durch Regeln, die mehr oder weniger umstritten waren, aber dennoch: Die Idee, dass Körpersignale mehr über uns verraten, als uns bewusst ist, erfuhr anhaltendes Interesse und gilt heute fast schon als Binsenweisheit.

5.3 Emotionen sind messbar

Trump: Das innere Kind gewinnt Wahlen

Auch wenn Donald Trump dies nicht wahrhaben will: Joe Biden hat die Präsidentschaftswahl 2020 gewonnen. Wenn man sich die Ergebnisse in den sogenannten »Battleground States« anschaut, dann allerdings nicht so erdrutschartig, wie größtenteils vorhergesagt. Viele Beobachter und auch Wahlforscher hatten damit gerechnet, dass die Wahl deutlicher zugunsten des Teams Biden-Harris ausfiele. Donald Trump hat sich fast zu gut behauptet, und schon wieder herrscht Fassungslosigkeit unter den Gegnern: Wie kann man diesen Mann nur wählen? Um das Phänomen zu verstehen, schauen wir uns die Wahl 2016 an – anderes Ergebnis, gleiche Mechanismen:

Obwohl Hillary Clinton die Mehrheit der Stimmen (popular vote) gewann, hatte sie das Wahlmännergremium (Electoral College) nicht auf ihrer Seite. Hier waren sich die Meinungsforscher sicher: Sie sollte mit 90-prozentiger Sicherheit vorne liegen! Clintons Bild in der Öffentlichkeit war extrem zwiegespalten. Einerseits genoss sie hohe Glaubwürdigkeit und Reputation, weil sie als ehemalige Außenministerin politisch erfahren war und wusste, wovon sie sprach. Sie wäre aus Sicht vieler Menschen eine kompetente Präsidentin geworden. Aber selbst diejenigen, die sie gewählt haben, wurden auf persönlicher Ebene nicht wirklich warm mit ihr. Man empfand sie als kühl, von der Basis allzu distanziert, wenig nahbar, man hatte den Eindruck, sie nicht wirklich zu kennen. Es fehlte ihr trotz aller Glaubwürdigkeit noch ein kritisches Merkmal. Der amerikanische Meinungsforscher Peter Hart erklärt: »I bring it down to one thing and one thing only, and that is likeability.« Fehlende Sympathie war also der Schlüssel, wie hatte man das im Vorfeld übersehen können?

Die Wahlforscher haben das I der Wähler befragt, und das war von Clintons Kompetenz überzeugt. Hier waren also offensichtlich zwei verschiedene Emotionen gleichzeitig im Spiel, es gab einen Konflikt zwischen dem Me und dem I. Das I wusste, sie ist erfahren. Das Me aber fand keine Verbindung zu ihr auf menschlicher Basis. Musste Clinton daher verlieren? Nicht zwingend, wäre der republikanische Kandidat spröde und blass gewesen, so wie Mitt Romney vier Jahre zuvor, oder das US-Wahlsystem ein anderes.

Abb. 23: Donald Trump (Quelle: Unsplash, Foto: History in HD)

Trumps Image war emotional ganz anders gestrickt. Zwar mochte ihn niemand, aber der Grund seines Erfolgs lag genau darin. Er präsentierte sich als »bad guy«, der das Feindbild des Establishments bediente. Seine Wähler wählten in Wahrheit keinen Präsidenten, sondern einen Vollstrecker, der stellvertretend für die kleinen Leute ordentlich gegen »die da oben« austeilen sollte. Peter Hart charakterisierte schon 2015 die amerikanische Mittelschicht mit folgenden Worten: »The anger in the middle class, what they're going through, and the sense that everything's stacked in Washington's favor, and [...] against them.« So ein Kandidat darf nicht angenehm sein, im Gegenteil: Er muss verschlagen sein, pöbelnd, polternd und vor allem unsympathisch. Das Me wollte mit ihm kein Angelwochenende verbringen. Das Me wollte Köpfe rollen sehen, es sehnte sich nach dem starken, rücksichtslosen Anführer. Seine Anhänger wussten gleichzeitig, dass Trump unglaubwürdig war, ein Serienlügner und Großmaul.

Insbesondere die »Women for Trump«, die ja auch die Aufnahme des berüchtigten Access-Hollywood-Interviews mit Billy Bush gehört hatten (»They let me do anything«), vollzogen dabei eine bemerkenswerte Quadratur des Kreises, begeisterten sie sich doch für einen Kandidaten, der aus seiner Einstellung zu Frauen keinen Hehl machte. Paradoxerweise empfanden alle seine Fans Vertrauen, weil sie sich sicher waren, dass sein negativer Charakter sich nicht gegen sie wenden würde, sondern gegen alles, was sie ablehnten. Aufgrund dieser bemerkenswerten Solidaritätsillusion hielten sie Trump nicht für ein Risiko, sondern für eine sichere Bank bei der Mission, das Establishment zu zerstören oder zumindest die Symbole, die sie hassten. Nun ist es nicht so, dass Me und I immer der gleichen Meinung waren. Vor allem anfangs schlug das I der Trump-Wähler die Hände über dem Kopf zusammen, aber das Me war so stark in seiner Sehnsucht nach Krawall und Auflehnung, dass es das schwächere I einfach überrollte. Dem I blieb also nichts anderes übrig, als jedes Narrativ zu akzeptieren, das das merkwürdige Verhalten des Kandidaten wegerklärte. Seine Fans waren vielleicht in der Minderzahl, aber durch ihr Me viel entschlossener. In der Wahl 2020 wurde deutlich, dass die Trump-Wähler wahrscheinlich gar keinen Konflikt mehr verspürten, verstärkt durch den Eindruck, Biden stünde für den in den USA so verhassten Sozialismus. Die wachsende Polarisierung zeigt sich auch durch die Menge der unentschiedenen Wähler, die 2020 nur halb so groß war wie 2016, wie Reuters/Ipsos-Umfragen zeigen.

Diese Betrachtung legt das Fazit nahe, dass Fakten bei einer Personenwahl eine deutlich kleinere Rolle spielen, als politische Meinungsforscher oder Politologen wahr haben wollen. Oder wie Chris Cillizza, Blogger der Washington Post, es ausdrückt: »The vote for president is a ›feel‹ vote.« Psychologisch gesehen heißt das: Die einzige Instanz, die Wahlen entscheidet, ist das innere Kind. Und es sieht so aus, als müssten wir uns auch im Rest der Welt zunehmend darauf einstellen.

Die Gleichzeitigkeit widerstreitender Emotionen

Donald Trumps Geschichte zeigt, wie mächtig das innere Kind ist. Aber sie zeigt vor allem noch etwas anderes: Menschen empfinden nie nur eine Emotion, sondern mehrere. Man kann einen Menschen unsympathisch finden und ihn trotzdem zum Präsidenten wählen. In Trumps Fall: gerade deshalb. Man kann einen Menschen glaubwürdig und kompetent finden, aber ihn gleichzeitig nicht mögen. Man kann sogar jemandem vertrauen, ihn aber dennoch unglaubwürdig finden. Das Paradoxon konfliktärer gleichzeitiger Emotionen ist eine menschliche Realität, bei Wählerinnen und Wählern wie bei Verbrauchern.

In Fragebögen und auch Face-to-face-Befragungen zeigt sich häufig das Phänomen, dass Bewertungen einer Idee häufig in die gleiche Richtung gehen. Man mag sie, würde sie kaufen, findet sie glaubwürdig. Die Ausprägungen für Gefallen, Kaufabsicht und Glaubwürdigkeit sind gleichgerichtet. Aber die US-Wahlen 2016 und 2020 zeigen uns: Das muss gar nicht so sein. Täuschen uns die Befragungen? Nein … bzw. ja.

Nein, sie täuschen uns nicht, weil das I in diesem Moment davon überzeugt ist, die Wahrheit zu sagen. Denn wer etwas mag, muss es auch glaubwürdig finden, sonst würde man sich ja widersprechen. Wir erinnern uns: Das I ist daran interessiert, psychische Brüche zu kitten und zu glätten. Die Story muss nachvollziehbar sein. Aus Sicht des I ist alles erklärt.

Ja, sie täuschen uns gewaltig, weil das innere Kind in den meisten standardisierten Befragungen kaum Gelegenheit oder Möglichkeiten hat, sich zu äußern. Widerstreitende Emotionen, vor allem, wenn sie kontraintuitiv sind, lassen sich so kaum aufdecken.

Warum nicht einfach messen?
Aber lassen sie sich kaum aufdecken? Wir haben Tiefeninterviews und Gruppendiskussionen als Möglichkeiten kennengelernt, um in das Me von Verbrauchern (und auch Wählern) hineinzusehen. Allerdings gehen wir auch bei diesen klassischen tiefenpsychologischen Methoden über das I, das wir erst einmal etwas beiseiteschieben müssen, um das Me zum Sprechen zu bringen.

Kann man Emotionen nicht einfach messen? Klar kann man – aber so einfach ist es dann doch nicht.

Neuromarketing: Das Gute ist nicht neu, und das Neue ist nicht gut
Wann immer wir über Methoden der Erfassung von Emotionen im Dienste des Marketings sprechen, gibt es im Prinzip zwei Welten. Neurologische Phänomene und daraus abgeleitete Erkenntnisse, die gewonnen werden durch funktionelle Magnetresonanztomografie (fMRT) oder Elektroenzephalografie (EEG), sind zu trennen von den psychophysiologischen oder biometrischen Phänomenen, denen wir durch physiologische Methoden auf die Schliche kommen wie z. B. EDA, EKG, Pulsvolumen oder Mikroexpressionen der Gesichtsmuskeln. Zwischen den beiden Welten Neurologie und Psychophysiologie gibt es derzeit eher Konkurrenz als Koexistenz.

So geht der Neurowissenschaftler Brian Knutson an der Universität Stanford davon aus, dass die Aussagequalität von Messungen nahe am Gehirn größer ist als bei Messungen, die »weiter weg« vom Gehirn stattfinden (z. B. an der Hand oder nah am Herzen). Diese Einschätzung besitzt eine einleuchtende Logik. Aber so einfach ist es nicht. Denn wir sind weit davon entfernt, die gemessenen Hirnströme so präzise den emotionalen Zuständen zuzuordnen, wie Knutsons Einschätzung impliziert.[32] EEG-Messungen werden in der Regel für Aussagen zur menschlichen Aktivierung (engl. Arousal) und zur

32 Das EEG kann beispielsweise vor allem die Aktivität der Großhirnrinde messen – also von Nervenzellen, die nah unter der Schädeldecke liegen. Neuronale Aktivität, die mit emotionalen Prozessen zusammenhängt, findet allerdings in viel tieferliegenden Strukturen, wie dem limbischen System, statt. Eine differenzierte Messung mit dem EEG ist daher zumindest zweifelhaft.

Gedächtnisleistung benutzt, wobei der Beweis noch aussteht, dass Hirnströme bei der Betrachtung eines TV-Spots valide genug sind, um momentgenaue Aussagen darüber zuzulassen, wie gut sich ein Proband später an die Inhalte erinnert. Die Validierung geschieht nämlich über Recall-Tests, die bekanntlich nur einen homöopathisch kleinen Teil unserer Gesamterinnerung abrufen, da in Befragungen nur das begrenzte I Auskunft darüber gibt, woran es sich erinnert. Und das heißt noch lange nicht, dass wir eine gesicherte Erkenntnis darüber hätten, dass bewusste Erinnerung allein kaufbeeinflussend wirkt. Ähnliches gilt für fMRT-Messungen, die zudem aufgrund ihrer Kosten und ihres Zeitaufwands für die Marketingpraxis schlicht und einfach kaum praktikabel sind.[33]

Wir müssen daher als Zwischenfazit feststellen: Sowohl EEG als auch fMRT liefern (noch) relativ triviale Erkenntnisse, vor allem im Vergleich zu dem erforderlichen großen Aufwand. »Neuroscience either tells me what I already know, or it tells me something new that I don't care about«, fasst Ming Hsu, Professor für Marketing an der UC Berkeley, zusammen.

Der Glaube an die eine Kurve

Bevor wir im Detail zur Psychophysiologie kommen, schnell noch ein kleiner Ausflug in das Gruselkabinett vergessen geglaubter Emotionsforschung. Die Real Time Response (RTR) ist deshalb erstaunlich, weil sie heute noch praktiziert wird. Mit ihrer Hilfe sollen Studienteilnehmerinnen und -teilnehmer nonverbal darüber Auskunft geben, wie gut ihnen ein Werbe- oder Radiospot gefällt. RTR funktioniert über ein vom Probanden, bzw. von seinem I, gesteuertes Interface: meist ein kleiner Drehregler. Gefällt mir der TV-Spot zu einem gegebenen Moment, drehe ich nach rechts. Finde ich ihn gerade langweilig, nach links. Das I des Teilnehmers, oder wie Nørretranders es nennt, unsere menschliche Benutzeroberfläche, verwendet eine weitere Benutzeroberfläche, den Drehregler, um Auskunft über das Me zu geben. Das Resultat, eine Kurve, ist so einfach zu verstehen und doch so aussagelos, handelt es sich doch immer noch um das Werk des I, ergänzt um eine Pseudodirektheit. Zugegebenermaßen ist eine Kurve einfach zu interpretieren, ihre Psychologie ist simpel: Geht die Kurve hoch, gibt es Grund zu feiern. Geht sie nach unten, muss etwas falsch gelaufen sein. Da ist es auch nicht mehr so wichtig, was die Kurve genau aussagt. Dass die RTR-Kurve unsere uralten, verborgenen Emotionen wiedergibt, darf jedoch bezweifelt werden.

33 Der Zusammenhang zwischen Erinnerungsleistung (Recall) und Kaufabsicht gilt heute noch als sakrosankt. Dagegen spricht, dass das I diese winzige Bandbreite hat, so dass die bewusste Erinnerung ein homöopathischer Repräsentant (nämlich ein Ausschnitt des Ausschnitts) dessen ist, was wir über das Me wahrnehmen. Der Stellenwert des unbewussten Me bei Erinnerung und Kaufimpuls hat empirisch und akademisch noch keinen breiten Konsens erreicht, so dass man in der Praxis standardisiert auf die Recall- und Kaufabsichtsabfrage setzt.

Vor über 20 Jahren haben sich Marketing und vor allem Werbeforschung der Psychophysiologie[34] als Methode der Erfassung von Emotionen ernsthaft und systematisch bedient. In Deutschland war es insbesondere Werner Kroeber-Riel, »Vater der Konsumforschung« und Gründer des Instituts für Konsum- und Verhaltensforschung an der Universität Saarbrücken. Kroeber-Riel befasste sich intensiv mit Biosignalen und der Frage, welchen Aufschluss sie über die Reaktion von Verbrauchern auf Werbemittel erlauben. Kroeber-Riel, selbst kein Freund der Tiefenpsychologie, ging relativ mechanistisch an das Thema heran. Der psychophysiologische Werkzeugkasten gab damals auch nicht sehr viel her. Hauptfokus lag auf der elektrodermalen Aktivität (EDA), einem Indikator für emotionale Aktivierung (engl. Arousal). Der EDA-Messwert der männlichen Versuchsperson steigt bei Ansicht eines Dekolletés in einer Anzeige? Dann muss der Markenname ganz in der Nähe des Kleidausschnitts positioniert sein. Denn Aktivierung, Aufmerksamkeit und Erinnerungsvermögen hängen zusammen, so die Lehrmeinung. Steigt die Aktivierung, steigt auch die Erinnerungsleistung. Die leise Hoffnung: Dann wird auch eher gekauft.

Mit anderen Worten und zugegebenermaßen etwas simplifiziert: Je niedriger die Aktivierung, desto schlechter performt die Anzeige oder der TV-Spot. Damals galt es als logisch, dass ein Spot, der an der wichtigen Stelle (wo der Markenname genannt wird) zu wenig aktiviert, einfach etwas lauter gedreht werden muss. Sehen wir z. B. in einem Werbespot für Zahnpasta eine Person im weißen Kittel und die Aktivierung geht nach unten könnte man das für ein zu geringes Involvement halten, vulgo: Langeweile. Da muss doch was geschehen! Mehr Action, bitte!

Geringe Aktivierung kann auch noch für vieles andere stehen, z. B. für empfundenes Vertrauen. Vielleicht ist eine geringe Aktivierung an dieser Stelle sogar ganz produktiv, denn der weiße Kittel soll ja genau das abbilden: eine vertrauenswürdige Person, die ein Zahnpflegeprodukt empfiehlt. Aktivierungsmessungen allein sind daher nicht zuverlässig zu interpretieren. Vielleicht brauchen wir noch mehr Parameter, um Werbewirkung und Markenwirkungen auf dem Level des inneren Kindes zu erfassen?

Anderes statt mehr desselben

Heutige psychophysiologische Methoden setzen daher häufiger auf eine Kombination aus Aktivierungsmessung und Valenzmessung. Letzteres ist schon sinnvoller, da Aktivierung alleine keine Valenz besitzt und sich einer eindeutigen Interpretation entzieht, wie am Zahnpasta-Beispiel in Kapitel 2.4 klar wird. Valenz ist ein Indikator für positive oder negative Emotionalität (Wertigkeit). Sie wird z. B. häufig bestimmt durch die Interpretation der durch die Kamera sichtbaren Gesichtsmuskelveränderung. Hier

34 Psychophysiologie ist ein Teilgebiet der Psychologie. Sie dreht sich um die physiologischen und biochemischen Grundlagen psychischer Vorgänge.

stellt ein Algorithmus fest, ob die Testperson lächelt, die Mundwinkel herabhängen lässt oder die Stirn runzelt. Darauf basierende emotionale Interpretationen funktionieren in der Regel auf Paul Ekmans Forschungsergebnissen aus den 60er Jahren, dem Facial Action Coding System (FACS), über das Sie in Kapitel 5.3 mehr erfahren.

Diese Kombination von Aktivierungsmessung und Valenzmessung qua sichtbarer Gesichtsmuskeln stellt das Marketing allerdings vor vier große Herausforderungen:

1. In dem Moment, in dem die Aktivität der Gesichtsmuskeln sichtbar wird, sind die Emotionen keinesfalls mehr unbewusst. Jeder Proband könnte darüber auch verbal Auskunft geben, wodurch die Methode ihren Vorteil gegenüber einer klassischen Befragung verliert. Außerdem lassen sich solche klaren nonverbalen Gesichtssignale vom Probanden beeinflussen. Wir bewegen uns also wieder im Terrain des I.
2. Die Deutlichkeit des Gesichtsausdrucks als Basis für eine Beobachtung lässt nur die Messung intensiver Gefühlszustände zu, d.h. die Wahrnehmungsschwelle ist sehr hoch. Aber die meisten Werbespots (oder Plakate, Apps oder was auch immer man testet) triggern kaum bis gar nicht sichtbare Gesichtsveränderungen, die die Algorithmen nur mit Mühe erfassen. Das Ergebnis ist in den meisten Fällen relativ grobkörnig, was die Intensität betrifft, und daher ohne Relevanz für die Marketingpraxis.
3. Die Ausprägungen erlauben keine emotional-inhaltliche Differenzierung, die über Basisemotionen wie Freude, Überraschung, Angst, Ekel, Wut, Trauer usw. hinausgeht. Die fehlende Differenzierung ist für die Marketingpraxis jedoch ein Problem. Wessen Anzeige Ekel oder Trauer triggert, der hat ganz andere Probleme als die Wahl der richtigen Messmethode. Hier müsste es schon bedeutend feinkörniger zugehen.
4. Gleichzeitigkeit: Aktivierungsmessung plus Analyse der sichtbaren Gesichtsmuskeln lässt kein Lesen *gleichzeitiger* Emotionen zu, weil immer nur eine Emotion zu einer gegebenen Zeit gelesen werden kann. Mit anderen Worten: Eine Zeitreise zurück ins Jahr 2016 hätte Hillary Clinton mit diesem Instrumentarium nicht wirklich weitergeholfen. Für das begrenzte Instrumentarium waren die Emotionen der Wähler zu komplex.

Dennoch sind viele Auftraggeber von Marketingagenturen fasziniert von der Technologie. Immerhin ist ihre Anwendung denkbar einfach: Elektroden und Fingerclips sind Teil des alltägliches Werkzeugkoffers eines jeden Internisten. Das Equipment passt in einen kleinen Rollkoffer. Außerdem erfordern sowohl neurowissenschaftliche als auch psychophysiologische Methoden keine großen Fallzahlen. Anders als quantitative, repräsentative Befragungsmethoden gehen sie keinen Umweg über das (verzerrende) I. Die grundlegenden Reaktionsmuster sind universell, so dass nur geringe Fallzahlen nötig sind. Uma Karmarkar, Professorin für Konsumentenpsychologie an der UC San Diego: »What should be particularly exciting to marketers is the possibility that only a small number of people may be able to [accurately] predict how a large customer base will respond.«

Dennoch: Die inhaltlichen Defizite treiben nicht wenige, die durch die ersten Erfahrungen enttäuscht wurden, wieder zurück in die Arme der klassischen Marktforschungsverfahren. Oder zu *september*.

5.4 Kontextbasierte Vermessung des Unbewussten

Der Schlüssel für eine differenzierte Emotionsmessung, die dem Marketing echte Insights über die Wirkung von Anzeigen, Bewegtbildern und vielem mehr liefert, liegt in der kontextbasierten Auswertung einer Fülle von körperlichen, gleichzeitig gemessenen Signalen. Kontextbasiert bedeutet, dass die Messungen nicht isoliert voneinander interpretiert werden, sondern im Zusammenspiel.

Emotionsmessung mit der heart.facts®-Methode
Die Emotionsmessung heart.facts® von *september* ist die derzeit einzige am Markt verfügbare Emotionsmessung, die über eine komplexe Mustererkennung verfügt. Die Mustererkennung analysiert über 20 eingehende Biosignale im Kontext und identifiziert zu jedem gegebenen Zeitpunkt sieben emotionale Zustände.

Abb. 24: Heart.facts®-Messung (Quelle: september Strategie & Forschung)

Aus Gründen der Marketingrelevanz sind die sieben emotionalen Zustände keine Basisemotionen. Zur Beurteilung von Marketingmaßnahmen wie z. B. TV-Spots werden ganz andere Kriterien zur Bewertung gebraucht. Wir nennen die sieben emotionalen

Zustände daher »emotionale Key Performance Indicator«, kurz: emotionale KPI oder eKPI. Das Ergebnis der Messung ist immer ein »emotionales Profil« über die sieben eKPI.

Die sieben emotionalen KPI sind:
1. Attraktion
2. Sympathie
3. emotionale Nähe
4. Vertrauen
5. Relevanz
6. Reflexion
7. Stress

Mittels dieser emotionalen KPI lassen sich viele Marketingmaßnahmen bewerten. In der Praxis sind es meistens TV- oder Online-Spots in allen möglichen Fertigungsgraden (vom Storyboard zum finalen Ergebnis), Radiospots, Poster, Anzeigen, In-Store-Werbemittel, Verbalkonzepte, PR-Texte sowie Apps und Websites für die Erforschung der User Experience. Weniger häufig nachgefragt, aber nicht weniger spannend, sind Düfte, Raumerfahrungen und Unboxing-Erfahrungen.

Jeder der emotionalen KPI ist verknüpft mit einem unverwechselbaren Muster aus verschiedenen Ausprägungen in den gemessenen Biosignalen.

Bevor wir die emotionalen KPI detaillierter betrachten, schauen wir uns die zugrunde liegenden Biosignale genauer an.

5.5 Art und Messpunkte der Biosignale

Entgegen der Annahme von Brian Knutson ist es nicht zwingend erforderlich, emotionale Reaktionen direkt am Ort der *Entstehung* zu messen, so intuitiv diese Annahme auch klingt. Wesentlich einfacher und weniger invasiv misst man diese Reaktionen am Ort ihrer *Wirkung*, also der Körperperipherie, mithilfe von Klebe-Elektroden. Betroffen sind vor allem das Herz-Kreislauf-System, die Atmung, die Schweißdrüsen sowie die Muskelaktivität. Da diese Reaktionen sehr vielfältig sind, gilt der Grundsatz: Je mehr Parameter erhoben werden, desto genauer und differenzierter kann man eine emotionale Reaktion bestimmen.

Hilfreiches emotionales Schwitzen – die elektrodermale Aktivität

Im Gegensatz zum körperlichen Schwitzen bei Anstrengung wird bei der EDA das emotionale Schwitzen gemessen. Ort der Messung ist idealerweise die Handinnenfläche. Dort ist die Schweißdrüsendichte am höchsten, so dass auch kleinste Veränderungen in der Leitfähigkeit der Haut durch elektrische Gleichstromspannung, die über zwei Elektroden angelegt wird, gemessen werden können. Die Schweißdrüsenaktivität steigt parallel zur emotionalen Erregung,[35] also zur Aktivierung. Die durch die EDA gemessene Aktivierung kommt in Lügendetektortests zum Einsatz. Die Idee dahinter ist, dass bei einer bewussten Lüge der innere Konflikt für eine gestiegene körperliche Erregung sorgt.

Vor Aufregung schwitzige Hände zu bekommen, ist ein Phänomen, das jeder kennt. Wer schwitzige Hände an sich bemerkt, zeigt allerdings eine sehr starke Reaktion. Üblicherweise bekommt man vom emotionalen Schwitzen überhaupt nichts mit. Evolutionär gesehen war es überlebenswichtig, in Gefahrensituationen »zupacken« zu können, und das geht mit sehr trockenen Händen nicht, weil man abrutscht. Mit sehr feuchten Händen jedoch auch nicht, von daher ist die extreme Schweißabsonderung für das Überleben auch nicht besonders hilfreich gewesen. Wenn wir also von emotionalem Schwitzen sprechen, handelt es sich um ein sehr subtiles Schweißphänomen, bei dem sich im Minimalfall nur die Hautleitfähigkeit ändert, bevor auch nur eine Drüse merkbaren Schweiß abgesondert hat.

Wer einer Person vor Publikum eine Rechenaufgabe stellt, kann einen Anstieg der EDA beobachten. Wie oben schon erwähnt, hat dieser Anstieg nur etwas mit reiner Aktivierung zu tun, nicht aber mit einer wie auch immer gearteten positiven oder negativen Wertung. Ob sich die Person also gerade fürchtet, vor anderen zu versagen, oder im Gegenteil sich sogar freut, endlich ihre Rechenkünste zeigen zu können, kann die EDA nicht differenzieren. Dafür braucht es weitere Biosignale.

Elektrokardiogramm: Der Herzschlag in all seinen Finessen

Über drei Elektroden an der Brust misst das EKG den elektrischen Impuls, den das Herz beim Schlagen ausstößt. In der Praxis kleben sich Studienteilnehmerinnen und -teilnehmer die Elektroden nach Anweisung unterhalb ihrer Kleidung selbst auf die Haut, was problemlos funktioniert. Das EKG zeigt den typischen Verlauf des Herzschlags an. Besonders prägnant im EKG ist die sogenannte R-Zacke, die den Zeitpunkt und die Stärke des Herzschlagpeaks zeigt. Daraus lässt sich die Herzrate bestimmen. Im Zahnpasta-Beispiel (vgl. Kapitel 5.3) würde das durch den Doktor ausgelöste Vertrauen nicht nur für eine geringe Aktivierung sorgen, sondern auch für eine kurze Abnahme der Herzrate.

Die Bestimmung des Herzschlagrhythmus geschieht durch die Herzratenvariabilität (HRV). Während man bei der Herzrate eher von längerfristigen (tonischen) Parametern spricht, kann die HRV auch kurzfristige (phasische) Veränderungen in der Herzaktivität abbilden. Diese kurzfristigen Reaktionen basieren auf zwei unterschiedlichen Prozessen: der Orientierungsreaktion und der Defensivreaktion. Die Orientierungs-

35 »Erregung« hat in diesem Kontext nicht zwingend mit sexueller Erregung zu tun. Dennoch verwenden wir den neutraleren Begriff »Aktivierung«.

reaktion folgt in der Regel auf Reize, die neuartig sind und wertneutrales Interesse wecken: Sie ist eine Reaktion der Zuwendung. Die Defensivreaktion stellt hingegen eine Rückzugsreaktion dar, die reflexartig der Abwehrhaltung und dem Selbstschutz dient. Es ist möglich, allein aufgrund von im EKG nachweisbaren kardiovaskulären Mechanismen Freude, Trauer, Angst und Wut voneinander zu unterscheiden.[36]

Die Photoplethysmografie: Indikator für den Säbelzahntiger-Reflex

Die Photoplethysmografie (PPG) ist der Überbegriff für alle Verfahren, die die Füllstände der Blutgefäße am Körper messen, also auch das Pulsvolumen, das neben der klinischen Überwachung von Patienten auch für die Emotionsforschung eingesetzt wird.

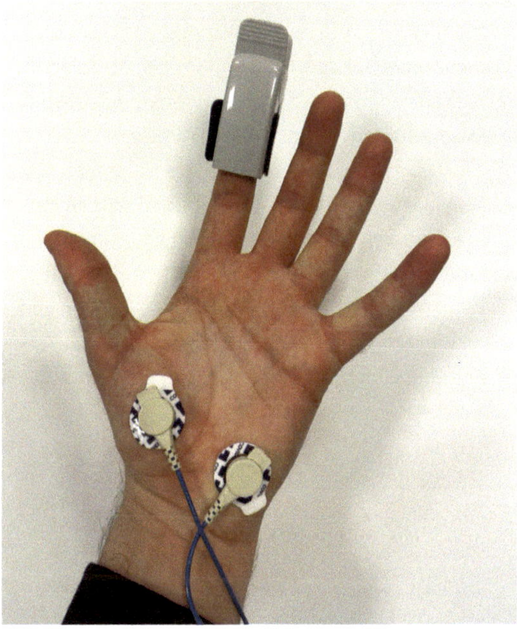

Abb. 25: Elektrodermale Aktivität und Photoplethysmografie (Quelle: september Strategie & Forschung)

Das Prinzip der PPG beruht auf der unterschiedlichen Rotlicht-Durchlässigkeit von durchblutetem und nicht durchblutetem Gewebe. Dieses Biosignal wird üblicherweise am Zeigefinger über einen Clip eingefangen, der infrarotes Licht durch die Fingerkuppe sendet, um zu messen, wie viel davon absorbiert wird. Die Veränderungen des Blutvolumens bzw. der Pulsvolumenamplitude (PVA) korrelieren einerseits mit dem Herzschlag und werden anderseits auch durch die Vasomotorik, d.h. durch die Erweiterung und Verengung der Blutgefäße beeinflusst. Bei der Orientierungsre-

36 Rajita Sinha et al.: Psychosomatic Medicine, 1992.

aktion beispielsweise erweitern sich die Blutgefäße kurzfristig und somit steigt die Pulsvolumenamplitude vorübergehend. Bei mehreren aufeinanderfolgenden Orientierungsreaktionen schwankt die PVA stark und sorgt so für eine größere Streuung der Amplituden. Mit dem PVA-Modulationswert kann genau diese Streuung und somit die Effektstärke einer oder mehrerer Orientierungsreaktionen aufgezeigt werden. Vor allem im Marketingkontext stellt der PVA-Modulationswert einen wichtigen Indikator dar für den Grad des Interesses, den ein Reiz wecken kann. Gerade aufgrund dieser Fähigkeit bildet die PVA für die Emotionsforschung einen entscheidenden Mehrwert gegenüber dem EKG allein: wichtig ist die Kombination aus EKG und PVA!

Einen weiteren wichtigen Parameter für vasomotorische Prozesse liefert die Impulslaufzeit (engl. »pulse-transit time«). Sie kann nur in Kombination mit dem EKG erhoben werden und gibt an, wie lange das Blut vom Zeitpunkt des Herzschlags bis zum Eintreffen in die Fingerkuppe braucht. Je gestresster wir sind, desto schneller ist unser Körper mit Blut und Sauerstoff versorgt. Wir stellen uns vor, dass der frühe Homo Sapiens auf eine ungeplante Begegnung mit einem Säbelzahntiger mit Stress reagiert hat. Es galt: Fight or Flight! Eine kurze Impulslaufzeit ist somit ein verlässlicher Indikator für Stress. Hätte unser früher Homo Sapiens die Situation erst mit seinem I anstatt mit dem Me erfasst und darüber reflektiert, was zu tun ist, würden wir heute wohl nicht von ihm abstammen. Die Urzeitprogramme haben ihren Zweck erfüllt – bis heute.

Elektromyografie: Das Gesicht sagt mehr als 1.000 Worte

Spätestens seit der amerikanischen TV-Serie »Lie to me« (2009-2011) ist bekannt, dass der Mensch durch seine Mikroexpressionen im Gesicht unweigerlich preisgibt, wie und was er fühlt.

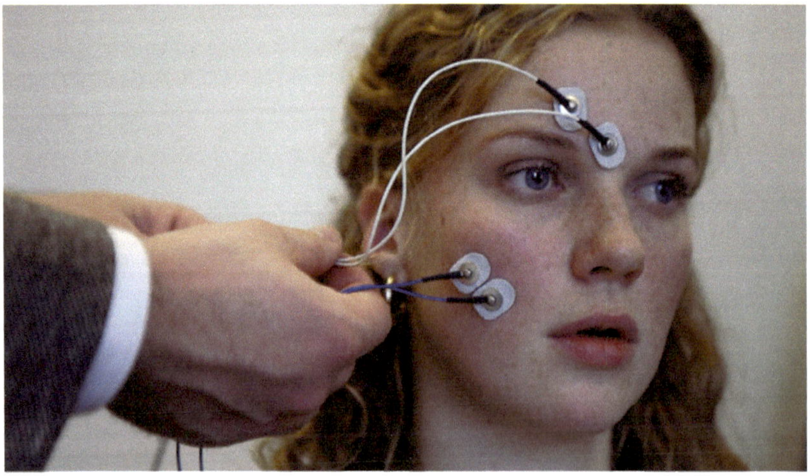

Abb. 26: Elektromyografie (Quelle: september Strategie & Forschung)

Der Protagonist der Serie, Dr. Cal Lightman, ist der Prototyp des eigensinnigen Experten, der dem Verdächtigen von weitem ansieht, ob er lügt oder nicht. Das Faszinierende an der Story um Lightman ist, dass seine Fähigkeit einen wahren Kern besitzt. Sie geht auf die Studien des Anthropologen und Psychologen Paul Ekman zurück, der die Serienmacher bis kurz vor seinem Tod beriet. Ekman etablierte zusammen mit seinem Kollegen Wallace Friesen das sogenannte Facial Action Coding System (FACS), eine Übersetzung zahlreicher Kombinationen von Gesichtsmuskeln in universelle emotionale Zustände. Emotionen und Gesichtsmuskeln sind im Körper »fest verdrahtet« (hard-wired), und diese Verdrahtung ist, genauso wie die Gesichtsausdrücke, weitgehend kulturell übergreifend. Anhand von Videokameras gelang es, auch blitzschnell auftretende und wieder verschwindende Gesichtsmuskelbewegungen festzuhalten, die sogenannten Mikroexpressionen. Insofern ist es zweifelhaft, dass die Figur des Cal Lightman diese Fähigkeit ohne technische Hilfsmittel haben konnte. But there's no business like show business.

Die Herausforderung, Mikroexpressionen für die Marketingforschung mit der Kamera aufzuzeichnen, liegt weniger in der zeitlichen Begrenztheit der Muskelregungen, sondern in den Muskelregungen selbst: Während Ekmans FACS für die Analyse von Emotionen wertvoll ist, setzt dies voraus, dass die Gesichtsmuskeln sich tatsächlich bewegen. Eine wenn auch nur kurz sichtbare Regung allerdings bedeutet auch, dass die im Gesicht abgebildeten Emotionen bereits eine gewisse Intensität haben, also den visuellen Schwellenwert überschreiten. Am Markt existierende kamerabasierte Verfahren verfügen über Algorithmen, die zuverlässig in der Lage sind, Emotionen an Gesichtern zu lesen; dies aber nicht mehr oder weniger gut als es ein Mensch könnte. So bleiben unsichtbare emotionale Regungen unerkannt.

Die heart.facts®-Emotionsmessung

Die heart.facts-Emotionsmessung® misst dagegen auch unsichtbare Emotionen, allerdings nicht über Kameras, sondern über Klebe-Elektroden, die im Gesicht angebracht werden. Diese sind sehr klein und erfordern kein Leitgel mehr wie früher, so dass sie von Testpersonen nach kurzer Zeit nicht mehr wahrgenommen werden.[37] Die Elektroden messen nicht die Muskelbewegung, sondern das elektrische Potenzial der Muskeln. So sind sie in der Lage, unsichtbare Zweifel, Skepsis oder auch ein verstecktes Amüsement (»inneres Lächeln«) wahrzunehmen, ohne dass sich auch nur ein Gesichtsmuskel regt. Wir verwenden für niederschwellige Veränderungen im elektrischen Muskelpotenzial der Einfachheit halber das gängige Wort »Mikroexpressionen«, auch wenn diese sich häufig auf tatsächliche (wenn auch sehr kurze bzw. geringe) Muskelbewegungen beziehen.

37 Der Kritikpunkt der Beeinflussung von Testergebnissen durch Gesichtselektroden wird in Gesprächen häufig als Erstes angebracht. Tatsache aber ist, dass nicht selten Teilnehmerinnen oder Teilnehmer nach dem Test aufstehen und die Kabel mit sich reißen, weil sie sie vergessen haben. Die Messung qua Elektroden ist sogar für Bewegungen und Autofahrten geeignet, wenn auch angepasst.

Der Vorteil der Methode liegt offensichtlich darin, dass niedrige Signalstärken in die emotionale Bewertung mit einbezogen werden. Die zugrunde liegenden Emotionen sind nicht intensiv ausgeprägt, entgehen also der bewussten Selbst- und Fremdwahrnehmung. Sie sind daher unbewusst und willentlich nicht steuerbar. Natürlich kann eine Testperson immer willentlich grinsen oder die Mundwinkel verziehen, aber die Summe der Biosignale lässt eine »Fake-Mimik« nicht durchgehen, da an jeder authentischen Emotion immer mehrere körperliche Reaktionen beteiligt sind.

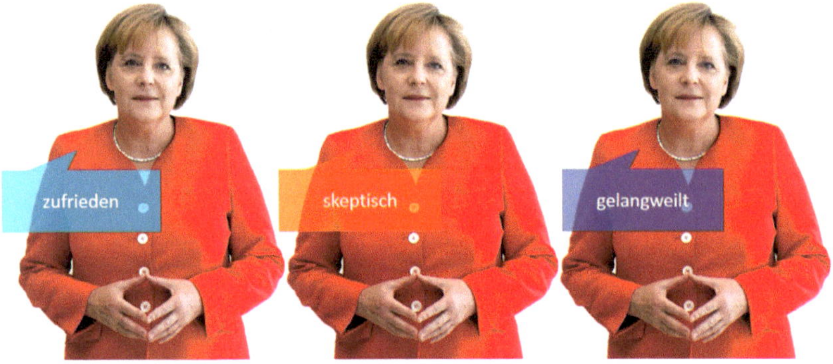

Abb. 27: Elektromyografie entdeckt kleinste Nuancen in der Mimik (Quelle: Wikimedia Commons, Foto: Armin Linnartz, 2010)

Die für die Emotionsforschung wichtigsten Messorte im Gesicht sind der Stirnrunzler (M. Corrugator Supercilii), der Lächelmuskel (M. Zygomaticus Major) und der Naserümpfer (M. Levator Labii Superioris). Die Aktivierung des Stirnrunzlers und des Naserümpfers ist ein zuverlässiger Indikator zur Bestimmung negativer Valenz bzw. der kritischen Auseinandersetzung mit einem Stimulus, wobei die Aktivierung des Lächelmuskels deutlich mit positiven emotionalen Reaktionen in Verbindung steht. Ebenso werden Entspannungszustände der Gesichtsmuskeln gemessen, was für die Identifikation vieler Emotionen wichtig ist und sich einer kamerabasierten Messmethode ebenfalls völlig entzieht.

Die Kombination dieser Biosignale ermöglicht die feine Differenzierung über die erwähnten sieben emotionalen KPI. Die Methode eignet sich außerdem zur Ergänzung durch die Blickverlaufsanalyse, um beispielsweise bei Plakaten zu erfassen, was die Studienteilnehmerin oder der -teilnehmer im gegebenen Moment wahrnimmt.

Ist jeder Jeck anders?

Es wird immer wieder gefragt, ob denn die Ausprägungen dieser Biosignale nicht völlig individuell sind und sich aufgrund dieser Unterschiede überhaupt valide Aussagen über die getesteten Personen treffen lassen. Würde die Methode absolute Werte darstellen, wäre das sicher so. In die Analyse fließen aber Werte-Unterschiede ein, nicht die Werte selbst. Gemessen wird bei jeder Testperson zunächst der emotionale Ruhezustand, d. h. nachdem ein Studienteilnehmer mit den nötigen Klebekontakten versorgt wurde, tritt zunächst einmal eine Periode der Nichtbeschäftigung ein, die Testperson entspannt sich. Ist die anfängliche Testaufregung gänzlich abgeebbt (nach ca. fünf Minuten), kann die eigentliche Messung der zu testenden Maßnahmen erfolgen. Nach der Messung wird der emotionale Ruhezustand noch einmal ermittelt. Die individuellen Testergebnisse werden dann verwendet, um die Abweichungen zum gemittelten Ruhewert festzustellen. Mittels einer Z-Standardisierung werden diese Abweichungen auf einer für alle gleichen Skala abgebildet, deren Mitte die sogenannte Basislinie oder Nulllinie ist. Sie stellt den emotionalen Ruhewert über das gesamte Sample dar. Die Messungen zeigen also im Endergebnis gar keine Ausprägungen physikalischer Maßeinheiten, sondern aggregierte positive und negative Abweichungen zur Basislinie. Die im folgenden Kapitel beschriebenen sieben emotionalen KPI haben daher Ausprägungen rund um den Neutralwert Null, sie gehen sowohl ins Positive wie ins Negative. Die KPI haben aufgrund ihrer Z-Standardisierung keine Mess-Einheit.

5.6 Die sieben emotionalen KPI

Emotionen sind komplexer, als wir fühlen können

Angenommen, Ihr Vater ruft Sie morgens an und nach einer kleinen Plauderei rückt er mit ein paar Aktientipps raus. Nun ist Ihnen Ihr Vater bislang nicht aufgefallen als jemand, der viel über das Börsengeschehen wüsste, aber er liebt Sie von Herzen und will nur Ihr Bestes. Nun ist die Frage: Vertrauen Sie ihm nicht oder halten Sie seine Tipps nur einfach für unglaubwürdig?

An einem anderen Tag gehen Sie mit Ihrer Freundin (oder Ihrem Freund) in die Stadt und kommen an einigen Schaufenstern vorbei. Ihre Freundin zeigt auf ein paar Schuhe und meint: »Die finde ich total schön!« Also kaufen Sie die Schuhe heimlich und schenken sie ihr zum Geburtstag. Überraschung: Das Geschenk kam nicht so gut an. Sie wollte sie eigentlich gar nicht haben. Nun die Frage: Wollte sie die Schuhe nun haben und hat ihre Meinung geändert, oder hat sie vor dem Schaufenster die Unwahrheit gesagt? Oder ist da noch etwas anderes passiert, das Ihnen entgangen ist?

Sowohl bei den Börsentipps als auch bei den Schuhen geht es darum, Emotionen voneinander zu trennen. Im Zusammenhang des Trump/Clinton-Beispiels sprachen wir schon über die Gleichgerichtetheit von Antworten auf Fragen des Gefallens, der Glaubwürdigkeit usw. Oftmals glauben wir, dass Attraktivität und Sympathie das Gleiche meinen oder dass Vertrauen und Glaubwürdigkeit mehr oder weniger deckungsgleich sind. Wir sind es im Alltag einfach nicht gewohnt, unsere Gefühle differenziert und genau auszudrücken (obwohl Maurice Druon, der damalige ständige Sekretär der Académie Française in Paris einmal gesagt hat, Deutsch sei sehr gut geeignet, diffuse

Gefühlszustände auszudrücken). Der Alltag will einfach keine Differenzierungen: »Wie war's in der Schule?« – »Okay«. »Wie geht's Dir?« – »Gut«. »Wie fandest Du den Film?« »Langweilig«. Wer hier genauer nachfragt, outet sich als Elternteil, als neugierig oder als beides. Wahrscheinlich beides. In jedem Fall ist es anstrengend, genauer über die eigenen Emotionen zu sprechen. Oder um es noch präziser zu sagen: Das I empfindet das als anstrengend, weil ihm die meisten Emotionen schlicht und einfach nicht bewusst sind.

Zurück zu den Börsentipps und den Schuhen. Genau genommen muss es im ersten Fall heißen: Das Verhältnis zum Vater ist von Vertrauen geprägt, aber die Aktien-Aussage ist unglaubwürdig. Beide Emotionen koexistieren, aber auf verschiedenen Ebenen. Die eine Ebene spielt sich eher auf der langfristigen Beziehungsdimension ab, es geht um den Vater als Person. Die andere Ebene bezieht sich auf eine konkrete Empfehlung, der man keinen Glauben schenkt. Man kann dem Vater trauen, aber die Tipps unglaubwürdig finden.

Die Schuhe sind ein etwas anderer Fall der Differenzierung von Emotionen. Nur weil die Freundin die Schuhe nett oder schön findet, möchte sie sie noch lange nicht haben. Meistens wirft man beides zusammen. Mit einem positiven Urteil wird auch ein Haben-Wollen assoziiert. So muss es aber nicht gemeint gewesen sein. In einem Fall verbindet man eine oberflächliche Sympathie mit den Schuhen. Im anderen Fall begehrt man sie: Man empfindet Attraktion.

Abseits der emotionalen Soße

Die Trennung von Emotionen setzt zweierlei Dinge voraus, die keineswegs selbstverständlich sind.

1. **Die saubere Definition von Emotionen**
   Um es vorwegzunehmen: In der Marketingpraxis ist die saubere Definition von Emotionen nicht besonders populär. Wir hatten uns im ersten Kapitel damit auseinandergesetzt, dass schon emotionale Insights häufig nicht besonders trennscharf sind. In dem Moment, in dem man nicht genau sagen kann oder will, welche Emotionen genau von einer Marke ausgehen sollen, soll die Markenbotschaft halt irgendwie »emotional« sein. Neulich sagte der Strategie-Verantwortliche eines großen deutschen Handelsunternehmens, man müsse alles darauf setzen, dass der Kunde der Marke vertraue: Vertrauen als Brand-Value Nummer eins. Aber was heißt Vertrauen genau? Ist es Gewohnheit? Ist es Liebe? Vertrauen ist, wie wir später noch genauer sehen werden, die Abwesenheit von Risiko. Eine Beziehung ist von Vertrauen geprägt, wenn man kein Risiko mit dieser Wahl eingeht. Welches Risiko also sollte man bei einem traditionsreichen deutschen Handelsunternehmen eingehen? Die Verbraucherlobby und die deutschen Gesetze sind so gründlich in unserer Gesellschaft zementiert, dass niemand, der von einem Produkt zu Recht enttäuscht ist, es nicht wieder zurückgeben oder zumindest wandeln kann. Also ist Vertrauen aus Sicht des Handelsstrategen eigentlich nur ein anderes Wort für Markenzuneigung. Aber das ist etwas anderes als die Abwesenheit von Risiko. Und

so ist die Marketingpraxis voll von Beispielen, wie mit Emotionen undefiniert bzw. unreflektiert umgegangen wird. Erst wenn man sie definiert, kann man sie messen. Erst wenn man sie messen kann, kann man sie überprüfen.

2. **Die differenzierte Wiedergabe von Emotionen**
   Wenn das Schulkind gelangweilt über den Schultag Auskunft gibt (»war okay«), dann heißt das nicht, dass der ganze Vormittag in der Gefühlssuppe einer einzigen, lauwarmen Okay-Empfindung abgespult wurde. Der Mensch spürt eine Menge an unterschiedlichen Emotionen, die sich munter gegenseitig ablösen und überlappen. Freud hat sogar gesagt: »Der Mensch spürt nur den Unterschied.« Die spannende Gemengelage an Emotionen vergeht aber größtenteils unbewusst oder wird kurz nach dem bewussten Erleben wieder vergessen. Wenn wir schon nicht gelernt haben, Emotionen trennscharf auszudrücken, dann müssen wir traurigerweise anerkennen, dass wir kaum in der Lage sind, Emotionen überhaupt differenziert wahrzunehmen, geschweige denn irgendeine Gleichzeitigkeit von Emotionen. In der Marktforschungspraxis begegnen wir diesem Phänomen sehr häufig. Wir erinnern uns: Wer einen aktiven Draht zu seinem inneren Kind pflegt, verfügt über Introspektion und kann Emotionen auf der Erlebnisebene gut auseinanderhalten. Das meinte Maurice Druon mit »diffusen Gefühlszuständen«. Wer aber wenig Nähe zum inneren Kind unterhält, macht sich die ohne Zweifel existierende Fülle und Unterschiedlichkeit seiner Emotionen viel weniger bewusst. Und wer sie sich nicht bewusst macht, kann sich kaum vorstellen, dass es noch mehr Emotionen gibt als die acht Basisemotionen. Das sehen wir häufig an Customer-Touchpoint-Studien, in denen es darum geht, welche Kontakte der Kunde oder die Kundin mit einem Anbieter hat und wie diese Kontakte auf die Beziehung einzahlen. Ziel solcher Studien ist die Optimierung der Kontakte und der User Experience an jedem Kontakt. Die Kontakte und ihre Häufigkeit sind schnell ausfindig gemacht. Schwieriger wird es, die Emotionen an den Kontakten zu identifizieren, denn wenn wir einen Studienteilnehmer fragen, wie er beispielsweise die Bedienung des Geldautomaten empfand, werden auch die größten Plaudertaschen einsilbig. Man ist es einfach nicht gewohnt, auf seine Emotionen bei alltäglichen Vorgängen zu achten.

Vertrauen ist alles, oder?

Vertrauen ist der erste der sieben emotionalen KPI, den heart.facts® messen kann und den wir hier besprechen wollen. Wie bereits beschrieben, ist Vertrauen eine Emotion, die Sicherheit gibt. Vertrauen tritt immer dann auf, wenn man das Gefühl einer risikolosen Wahl hat, besonders bei unzureichender Transparenz. Unzureichende Transparenz ist vor allem bei Entscheidungen für größere Anschaffungen, vom Fernseher zum Auto, fast immer gegeben. Vertrauen ist, wenn man das Gefühl hat, dass einem mit einer Marke oder einem Produkt nichts Schlimmes passieren kann. Daher ist die Messung von Vertrauen im Prinzip für bestimmte Branchen sinnvoll und für andere nicht. Vertrauen im Zusammenhang mit schnelldrehenden Konsumgütern zu messen, macht weniger Sinn, da man so gut wie kein Risiko eingeht, wenn man ein paar Euro für etwas Falsches ausgibt. Auch Girokonten erfordern kein großes Vertrauen. Was Vertrauen erfordert, sind Marken mit einem speziellen Versprechen. Betrachten wir beispielsweise die Marke Bioland. Hier muss man darauf vertrauen, dass die Marke nicht nur »Bio« ist, sondern noch weitergehende Kriterien für »Bio« erfüllt. Elektroautos erfordern Vertrauen: Vertrauen in die versprochene Reichweite, die Mobilität, die Sicherheit bei einem Unfall und vieles mehr. Vertrauen in das gemessene emotionale Profil der eKPI aufzunehmen, ist immer dann sinnvoll, wenn Verbraucher potenziell ein Risiko empfinden können. Weitere Beispiel sind Pampers, Odol, Granufink oder Super RTLs »Toggo« (aus Sicht der Eltern). Keinen Sinn ergibt Vertrauensmessung bei Marken, die man schon seit langer Zeit kennt: Milka, Landliebe, Werther's Echte: Marken, die überhaupt kein Risiko implizieren.

Die Messung von Vertrauen macht bei TV-Spots Sinn, wenn eine Marke ein eindeutiges Lösungsversprechen gibt, das dramaturgisch erhöht wurde. Wenn es also etwas zu glauben gibt, das nicht zwingend eintreten muss.

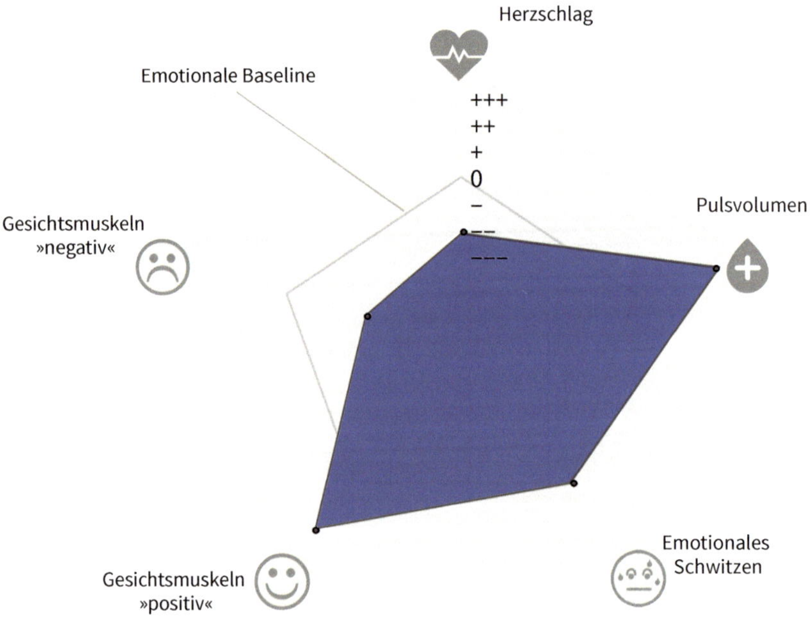

Abb. 28: Physiologisches Muster des eKPI »Vertrauen«(stark vereinfachte Darstellung) (Quelle: september Strategie & Forschung)

Die Abbildung zeigt das physiologische Muster des KPIs »Vertrauen«. Die Gesichter stehen für positiv und negativ konnotierte Gesichtsmuskelaktivitäten, das schwitzende Smiley steht für das »emotionale Schwitzen«, das Plus im Blutstropfen für das Pulsvolumen und das Herz für die Signale aus dem EKG. Die fette Linie »0« repräsentiert die Basislinie.

Das physiologische Muster von Vertrauen zeigt, wie deutlich der Körper herunterfährt. Langsamer Herzschlag, erhöhtes Pulsvolumen, leichte Aktivierung der positiven Gesichtsmuskeln, Hemmung nahezu aller negativen Gesichtsmuskeln.

Relevanz: Gegenverkehr oder Lottogewinn

Relevanz ist ein abhängiger emotionaler KPI. Sie ist der Indikator für die subjektive Wichtigkeit eines Reizes. Dabei macht es streng genommen keinen Unterschied, ob es sich um einen herannahenden Lkw handelt oder um einen Lottogewinn. Beides sind Dinge von persönlicher Wichtigkeit, daher ist es wichtig, die Relevanz zusammen mit anderen eKPI zu lesen und nicht isoliert. Nicht selten erwarten Auftraggeber bei ihren Marken, Produkten oder ihrer Kommunikation eine hohe Relevanz. Die Messung aber offenbart, dass viele Dinge, die aus Marketingsicht involvieren müssten, bei Verbrauchern relativ gering ausschlagen. Das spiegelt die Wirklichkeit treffend wider, da jede Marke für sich genommen einzigartig auf der Welt ist, aber aus Verbrauchersicht nur eine von vielen. Gelingt es einem Werbespot, das Bedürfnis, das die Marke oder das Produkt erfüllen soll, zu dramatisieren, so erleben wir in den Messungen häufig eine Steigerung der Relevanz: Das bedeutet, Konsumenten verleihen der Marke oder dem Produkt einen höheren Stellenwert. Allerdings vermag keine Story dieser Welt einem irrelevanten Produkt Bedeutung zu verleihen, die nicht potenziell schon darin angelegt ist.

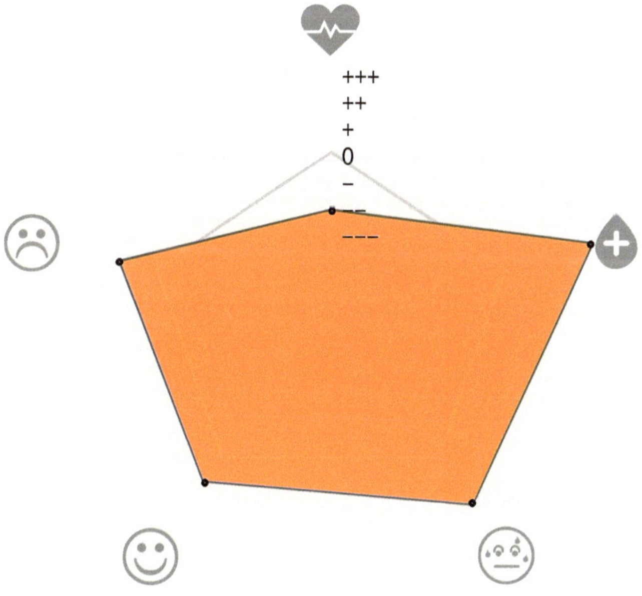

Abb. 29: Physiologisches Muster des eKPI »Relevanz« (stark vereinfacht) (Quelle: september Strategie & Forschung)

Relevanz ist physiologisch eine Reaktion, die den Menschen dazu befähigt, genauer hinzusehen. Sie ist Ausdruck einer erhöhten Aufmerksamkeit, sei es aufgrund von inhaltlicher Wichtigkeit, Neuigkeit oder Intensität. Hat eine Sache Relevanz, ist dies Zeichen für ein Bedürfnis oder einen Konflikt zwischen Me und I.

Die körperlichen Signale belegen die informationsverarbeitende Natur der Reaktion: Eine verlangsamte Herzrate bei gleichzeitig erhöhter Pulsvolumenamplitude zeigt diese aktive Aufnahme von Umweltreizen an. Ein erhöhter Hautleitwert und die Mimik spiegeln den dazu nötigen aktivierten Zustand der Evaluation wider.

Attraktion: Die notwendige Bedingung für fast alles

Attraktion bedeutet im Wortsinn Anziehung (lateinisch attrahere), die von einem Reiz ausgeht. Attraktion ist Zeichen des Bedürfnisses, etwas »haben« zu wollen oder sich zu etwas hingezogen zu fühlen. Wenn wir sagen »etwas«, kann das allerdings vieles sein: Das Objekt der Attraktion kann eine attraktive (!) Person sein oder auch ein Produkt oder eine Idee, die in irgendeiner Form ein begehrtes Angebot darstellt. Attraktion bedeutet übrigens nicht, dass wir etwas lieben müssen, um es haben zu wollen. Attraktion macht keine Aussage über die emotionale Beziehungsqualität. So kann man etwas haben wollen, ohne es lieben zu müssen. Das ist z. B. bei der Wahl des kleineren Übels der Fall. Im Beispiel von Clinton vs. Trump war es Trump, den die Wähler haben wollten, obwohl sie ihn bestimmt nicht geliebt haben. Attraktion ist somit eine relativ utilitaristische Emotion.

Interessant wird es, wenn wir Attraktion mit und ohne Relevanz betrachten. Attraktion ohne Relevanz ist ein Haben-Wollen, ohne dass das begehrte Etwas ein echtes Problem löst. Man kann auch sagen, ohne Relevanz wollen wir etwas, sind aber nicht gewillt, dafür zu investieren oder etwas zu ertragen. Ein Beispiel dafür ist Bio-Orangensaft. Verbraucher finden Bio-Orangensaft attraktiv, aber tendenziell nicht so relevant. Warum? Weil Orangensaft schon als so natürlich gelernt ist, dass Bio zwar begehrlich ist, man aber nicht bereit ist, dafür einen Mehrpreis zahlen. Mit anderen Worten: Wenn Kundinnen und Kunden die Wahl haben, würden sie den Bio-Orangensaft wählen. Sie würden aber nicht mehr dafür bezahlen wollen. Orangensaft mit Bio ist nice to have. Und so drückt sich eine grundsätzliche Investitions- oder Kaufbereitschaft über die Kombination aus Attraktion und Relevanz aus.

Relevanz und Attraktion werden im Marketingkontext übrigens häufig verwechselt. Hersteller wollen ihre Produkte relevanter machen, heißt es oft. Aber eigentlich meinen sie damit attraktiver. Denn Relevanz ist nicht durch das Produkt definiert, sondern durch den motivationalen Kontext, also durch ein Bedürfnis oder einen Konflikt. Im Sommer ist Wasser einfach viel relevanter als im Winter. Ein Produkt kann relevant sein, aber ist nicht zwingend attraktiv. Relevanz ist die notwendige Bedingung für den Kauf, Attraktion die hinreichende.

Eine weitere potenzielle Erkenntnis liegt im Vergleich zwischen Attraktion und Stress. Dieses Phänomen nennen wir »forbidden fruit«. Hier geht es um etwas, das wir zwar haben wollen, es uns aber nicht erlauben, was einen inneren Konflikt zwischen dem inneren Kind und dem I auslöst, das uns das Ersehnte nicht erlauben möchte, z. B. aus Gewissensgründen.

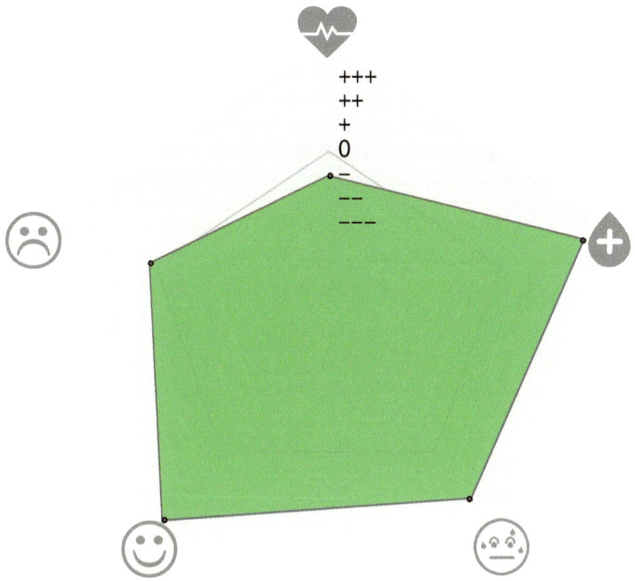

Abb. 30: Physiologisches Muster des eKPI »Attraktion« (stark vereinfacht) (Quelle: september Strategie & Forschung)

Das zugrunde liegende Muster zeigt, dass bei Attraktion eine ausgeprägte Pulsvolumenamplitude, eine Erhöhung der elektrodermalen Aktivität (EDA) und eine positive Gesichtsmuskel-Mimik vorherrschen. Der Mensch ist bei Attraktion moderat positiv aktiviert und auf weitere Informationsaufnahme eingestellt.

Sympathie: Gold wert für Unterhaltung

Sympathie ist das Äquivalent eines Facebook-Likes. Man findet etwas nett und schön, so wie eine angenehme Stimme oder ein ansprechendes Bild. Menschen können sympathisch sein, das bedeutet aber nicht, dass sie attraktiv sein müssen. Wir erinnern uns: Sympathie ist nicht mit einer Motivation im engeren Sinn verbunden, etwas haben zu wollen. So kann es sein, dass wir im Laufe eines Werbespots die schönen Bilder sympathisch finden, aber das, was wir sehen, nicht automatisch haben wollen. Möglich ist es auch, etwas haben zu wollen, das wir nicht sympathisch finden – womit wir wieder bei Trump und seinen Fans wären.

Sympathie ist andererseits eine wichtige Bedingung für Entertainment und in den meisten Branchen eine Bedingung für das Haben-Wollen. Einen Duft, den wir nicht sympathisch finden, würden wir kaum tragen wollen.

Eine vor fünf Jahren von uns durchgeführte emotionale Messung der größten deutschen Kreditinstitutsmarken ergab erstaunlicherweise, dass sich die Höhe der Marktanteile linear abhängig zu den Sympathiewerten dieser Marken verhielt. Die sympathischste und erfolgreichste Marke war die Sparkasse, dicht gefolgt von den Volks- und Raiffeisenbanken. Nicht Vertrauen und auch nicht Relevanz waren die determinierenden Größen, sondern schlicht und einfach Sympathie. Wir lernen daraus, dass die vermeintlich gewichtige Wahl der Bank manchmal nur von oberflächlicher Nettigkeit der Marke und ihrer Kommunikation abhängt. Auf die Gefahr, sich zu wiederholen, aber Vertrauen spielte keine Rolle.

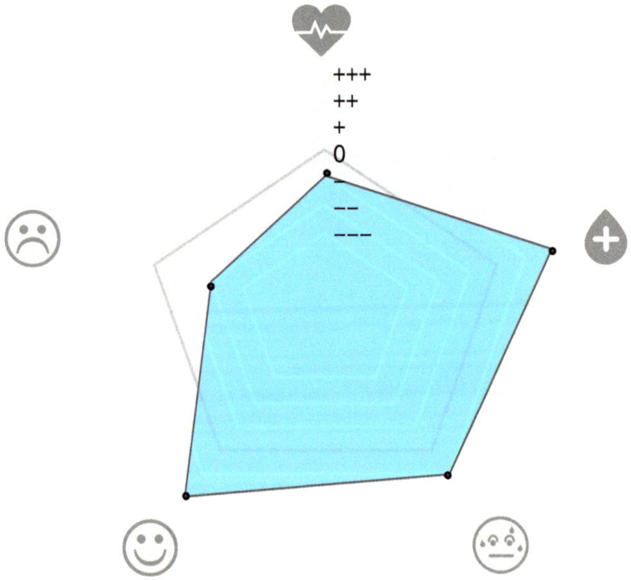

Abb. 31: Physiologisches Muster des eKPI »Sympathie« (stark vereinfacht) (Quelle: september Strategie & Forschung)

Sympathie ist körperlich gesehen eine Emotion, die Gefahrlosigkeit repräsentiert. Damit ist keine Risikolosigkeit gemeint (so wie bei Vertrauen), sondern einfach die Abwesenheit von konkret negativen Einflüssen. Ein geringes emotionales Schwitzen (EDA) unterstreicht die subtile positive Entspannung. Unsere Mikroexpressionen zeigen durch Deaktivierung der negativen Gesichtsmuskeln bei gleichzeitig starker Aktivierung vor allem des Lächelmuskels eine Situation, in die man sich gefahrlos hineinbegeben kann.

Emotionale Nähe: der persönlichste eKPI

Emotionale Nähe drückt nicht aus, wie emotional nah uns ein Stimulus kommt, sondern wie tief er uns berührt. Die Basis dieser Tiefe gründet auf der Erkenntnis, dass jeder von uns verstanden und akzeptiert werden will. Akzeptanz erfahren wir dadurch, dass der andere uns erkennt. Wir haben u. a. von dem Pantomimen Samy Molcho gelernt, dass die Spiegelung unseres Verhaltens uns emotional bestätigt und uns unserer Existenz versichert. NLP hat daraus eine Technik gemacht und nennt sie passenderweise Mirroring. Im Café können wir Paare beobachten, die ihre Gläser fast zeitgleich zum Mund führen, ohne sich dies bewusst zu machen. Erkennen wir in unserer Umwelt etwas, in dem wir uns wiederfinden, fühlen wir uns automatisch ein Stück geborgener und sicherer. Wir nennen diesen Zustand Identifikation. Branchen mit hoher Identifikation, also emotionaler Nähe, sind z. B. lokale Bier- und Wassermarken oder Marken aus unserer Kindheit wie z. B. Ferrero. Schon allein, wenn der eigene Name fällt, steigt die emotionale Nähe: Jeder hört seinen Namen gern. Das machen sich vor allem Callcenter zunutze, bei denen der Name des Angerufenen allerdings so oft fällt, dass man schon wieder auflegen möchte.

Über die Identifikation hinaus steht emotionale Nähe auch für Projektion. Projektion ist der innere Wunsch, dem Idealbild von uns selbst zu entsprechen. Sehen wir also einen Menschen, der etwas repräsentiert, das oder wie wir sein wollen, so steigt die emotionale Nähe. Aus diesem Grund sind die Vorher/Nachher-Bilder aus alten Diätanzeigen in der Apotheken Umschau so mächtig. Sie zeigen nicht nur das Realbild, sondern auch das Ideal, und triggern so von zwei Seiten her emotionale Nähe. Unsere Forschungen zeigen z. B., dass Musik in Werbespots regelmäßig die emotionale Nähe erhöht. Außer natürlich, es handelt sich um Musik, mit der wir nichts anfangen können. Atonale, kakophonische Musik senkt die emotionale Nähe zuverlässig.

Auch wenn wir bisher nie vom Gegenteil der positiven eKPI gesprochen haben, so wollen wir am Beispiel der emotionalen Nähe verdeutlichen, was es heißt, am negativen Ende des eKPI-Spektrums zu sein. Negative Attraktion ist nicht fehlende Anziehung (das wäre neutrale Attraktion), sondern Abstoßung. Dementsprechend ist negative emotionale Nähe nicht fehlende Nähe, sondern das Gegenteil, emotionale Distanz. Sie ist das Äquivalent zum Herunterklappen des Visiers des inneren Kindes. Wir »wappnen« uns emotional, da wir uns nicht sicher oder geborgen fühlen können, wir »verhärten« innerlich. Im Fall der Berichterstattung vom 11. September 2001 zeigte sich in den Messungen, dass Fernsehzuschauer die schrecklichen Szenen mit hoher emotionaler Distanz quittierten. Anstatt wegzuschauen aber klebten die Studienteilnehmerinnen und -teilnehmer am Bildschirm: Ihre Attraktion war in etwa so stark ausgeprägt wie ihre emotionale Distanz. Sie mussten hinschauen, verhärteten innerlich aber, um die Szenen überhaupt aushalten zu können – ähnlich wie bei Gaffern, die sich der Szene eines Autounfalls offenbar nicht entziehen können.

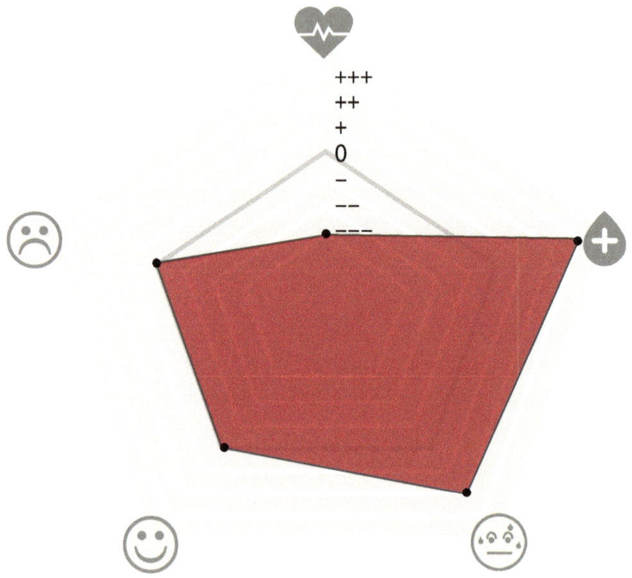

Abb. 32: Physiologisches Muster des eKPI »emotionale Nähe« (stark vereinfacht) (Quelle: september Strategie & Forschung)

Der gesamte Körper zeigt bei emotionaler Nähe eine starke Annäherungsreaktion. Unser Herz schlägt in ruhigem Rhythmus, und ein leichtes emotionales Schwitzen zeigt die Wichtigkeit der Beziehung. Die Gesichtsmuskeln, negative wie positive, bleiben entspannt.

Reflexion oder die sogenannte Namensfurche

Reflexion ist ein komplexer, nicht eindeutiger eKPI. Der eKPI alleine hat, ähnlich wie Relevanz, keine eingebaute Valenz, d. h. eine positive oder emotionale Wertung. Reflexion besagt, dass wir einen Reiz nicht ohne Weiteres akzeptieren, und zwar aufgrund des konkreten Informationsgehalts. Meistens handelt es sich um Skepsis, d. h. das Nicht-glauben-Wollen einer Botschaft. Dies kann bei einem Elektroauto der Fall sein, das eine Reichweite von 1.000 km verspricht, was derzeit noch als Legende anzusehen ist. Oft ist Reflexion ein Begleitzweifel, der eine Wahrnehmung unterfüttert. Das kann z. B. bei einer 20-sekündigen Story in einem Werbespot passieren, in dem die Auflösung (die Marke, das Produkt) erst ganz am Schluss erscheint und man sich zwischenzeitlich fragt: Warum zeigen die mir das? Wer steckt dahinter?

Reflexion kann auch Neugier bedeuten, d. h. die dahinterstehenden W-Fragen »Warum ist das so?«, »Was passiert hier?«, »Wer steckt dahinter?« oder »Wie soll das gehen?« können (gepaart mit Attraktion) auch für Neugier stehen. Gepaart mit negativer

Attraktion wiederum ist Reflexion in jedem Fall eine skeptische Irritationsreaktion im Sinne von »Das glaube ich nicht!« oder »Das kann nicht sein!«.

In einem eher neutral bewerteten Szenario kann Reflexion auch einfach nur das Aufstöbern einer Antwort in den Untiefen des eigenen Gedächtnisses repräsentieren. Fragt z. B. ein Versicherungsanbieter in einer Anzeige, ob man schon gegen Diebstahl versichert sei, dann ist Reflexion die physische Reaktion auf das Suchen in der eigenen Erinnerung. Denn wer kann schon spontan sagen, wie man im Einzelnen versichert ist? Wir sehen: Reflexion muss man mindestens im Kontext der anderen eKPI sehen, um seine Bedeutung für das jeweilige Produkt oder die jeweilige Kommunikation zu entschlüsseln. Es ist aber wichtig zu wissen, dass Reflexion den emotionalen Apparat nicht etwa zum Halten zwingt, um erst einmal nachzudenken. In den allermeisten Fällen ist Reflexion eine unbewusste Reaktion. Man kann sie sich grundsätzlich bewusst machen, aber bei der Wahrnehmung z. B. eines Films ist es fast unmöglich, sich eine subtile kritische Grundhaltung oder punktuelle Fragezeichen im Moment des Erlebens so bewusst zu machen, dass man sie gedanklich vom restlichen emotionalen Erleben isolieren kann. Dies geschieht meistens ex post.

Sehr häufig passiert es nämlich, dass Menschen Entscheidungen treffen entgegen der kritischen oder sogar mahnenden Stimme des I.[38] Allerdings nur, wenn andere Emotionen diese Entscheidung unbedingt wollen, z. B. das Motiv des »Haben-Wollens« des inneren Kindes, körperlich messbar an der bereits beschriebenen Attraktion. Das unterhaltsamste, weil am meisten verbreitete Beispiel dafür ist das Annehmen von Cookies oder Data-Privacy-Einstellungen (»Tinder möchte auf Deine Fotos zugreifen«). Hier geht es ja sehr oft um Apps oder Infos, die wir *jetzt* wollen oder brauchen, sei es bei der Online-Pizzabestellung, der Partnersuche oder einfach nur beim Checken von Öffnungszeiten des Schwimmbads. Die Praxis der expliziten Cookie-Annahme bei Webseiten seit der Einführung der DSGVO mag juristisch begründet sein – psychologisch gesehen ist sie die reinste Makulatur. Das innere Kind möchte nicht aufgehalten werden durch so etwas Bürokratisches wie »Erlaubnisse«. Man hört förmlich, wie das innere Kind dem I verschwörerisch zuflüstert, dass es sich bei Cookies um nichts Böses handeln kann, es sind ja nur Kekse, und Kekse sind immer lecker. Die Sache mit den Cookies geht sogar so weit, dass User das maximale Ausmaß der Cookie-Befugnisse antippen (»empfohlen«), anstatt wenigstens einen oder zwei Haken rauszunehmen. Das hat zum einen damit zu tun, dass das Häkchen bei »alle zulassen« bereits

38 Hieran kann man schön sehen, dass das I nicht immer das selbst-erkennende Denken betrifft à la »Darüber muss ich nachdenken«. Das I übt seine Veto-Funktion auch unterhalb der Wahrnehmungsschwelle aus. Daher ist die Kategorisierung I = bewusst, Me = unbewusst eine unzulässige, da nicht immer zutreffende, Vereinfachung.

gesetzt ist (Opt-out), und wer sind wir, diese Experten-Voreinstellung anzuzweifeln? Zum anderen aber liegt es daran, dass wir völlig unbewusst davon ausgehen, dass eine willentliche Einschränkung der Cookie-Möglichkeiten sich in einer wie auch immer gearteten Einschränkung der gewollten Leistung niederschlägt. Das klingt zunächst einmal reichlich fantastisch. Als ob die Einschränkung der Cookie-Optionen den Anbieter erzürnen und er uns mit weniger Leistung bestrafen würde. An dieser Stelle sei darauf hingewiesen, dass die Welt der Informationstechnologie eigentlich einen Homo oeconomicus erfordert (wenn nicht sogar einen Homo digitalis) und nicht den 60.000 Jahre alten Jäger und Sammler, der wir sind – Reflexion hin oder her.

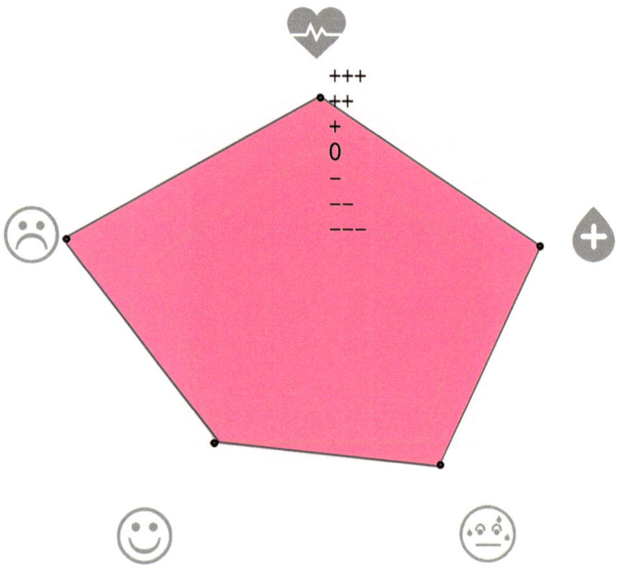

Abb. 33: Physiologisches Muster des eKPI »Reflexion« (stark vereinfacht) (Quelle: september Strategie & Forschung)

Reflexion zeigt ein ganz bestimmtes physiologisches Muster. Der Körper zeigt sich »kritisch«, was je nach Kontext positiv wie negativ gedeutet werden kann. Herzschlag und Pulsvolumen steigen, unsere Mimik spiegelt den angespannten Zustand wider und unser steigender Hautleitwert das Arousal. Zentral für die Identifikation von Reflexion ist der Corrugator Supercilii, der die Augenbrauen zusammenzieht in einer Weise, die wir an uns selbst überprüfen können. Wann immer wir etwas nicht glauben oder versuchen, uns an Namen zu erinnern, ziehen wir die Augenbrauen in die Mitte nach unten. Gesichtsleser behaupten, dass vergessliche Menschen eine deutliche Falte zwischen den Augenbrauen haben, die sich ihnen durch das ständige Zusammenziehen dauerhaft ins Gesicht gegraben hat. Wir dürfen allerdings nicht vergessen, dass heart.facts® mittels der Elektroden in der Lage ist, Reflexion unterhalb der physischen Bewegungsschwelle zu messen, also auch ganz leichte Skepsis, Hinterfragen oder Zweifel. Das ermöglicht eine feine Abstufung. Auch die negative Reflexion ist nicht einfach nur die Abwesenheit von Reflexion, sondern im Gegenteil ein Grad für die kognitive Offenheit gegenüber Reizen.

Stress als Fluchtreaktion

Stress ist eine relativ schnell erklärte Emotion, wobei die Psychologie Eustress (positiver Stress) und Disstress (negativer Stress) unterscheidet. Mit Stress ist hier Disstress gemeint. Stress ist eine Fight-or-Flight-Reaktion, die körperlich mobilisiert und auf die Bewältigung einer Aufgabe vorbereitet, für die wir kein adäquates Werkzeug haben. Stress dient zwar im Allgemeinen der Erhöhung der Handlungskompetenz (Fight) durch Aktivierung, führt jedoch meist zum aktiven Abwenden vom Stressor (Flight).

Stress ist bei der Wahrnehmung von Kommunikation ein auf den ersten Blick befremdlicher emotionaler KPI. Welche abendliche Werbung vermag es, uns in Stress zu versetzen, wenn wir doch bequem und sicher im warmen Zuhause sitzen, wo uns niemand Schaden zufügen kann? Dieser Einwand mag zunächst berechtigt klingen, aber wir vergessen, dass unsere Sinne durch Bewegtbilder genauso angeregt werden, als wenn wir tatsächlich in der Situation stecken würden. Gesehenes wird zu Wirklichkeit, 2D wird im Kopf zu 3D. Es gibt kein »abgeschwächtes« Erleben, nur weil wir auf einen Bildschirm schauen. Also sind auch Werbespots in der Lage, uns in Stress zu versetzen. Tatsächlich empfinden wir gerade am Anfang von TV-Spots Stress, vor allem wenn sie laut und polternd beginnen. Marketing-Entscheider waren ganz lange auf dem Trip des »Clutter Breaking«: Der Werbeblock muss durchbrochen werden, damit man auf den Spot aufmerksam wird. Bis sie verstanden haben, dass die Lautstärke und Intensität von Kommunikation im Wesentlichen davon abhängt, welche Emotionen man triggern möchte und welche Marke man bewirbt. Energydrinks müssen energetischer auftreten als Raumbedufter. Stress ist also oft ein Symptom für Reizüberflutung. Er kann aber auch psychologisch durch einen Konflikt zwischen Me und I zustande kommen. So oder so sollte es einem Werbespot gelingen, Stress zum Ende hin abzubauen, denn eine Fluchtreaktion beim Konsumenten kann sich kein Werbetreibender lange leisten.

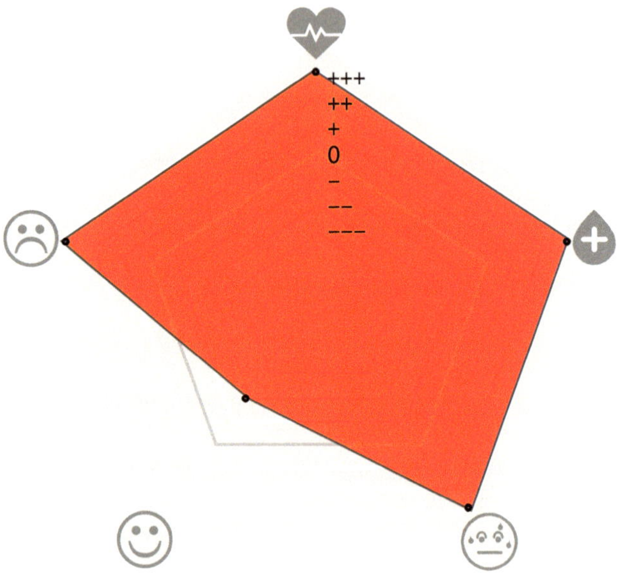

Abb. 34: Physiologisches Muster des eKPI »Stress« (stark vereinfacht) (Quelle: september Strategie & Forschung)

Beim Stress beginnt unser Herz schneller und mit geringerer Variabilität zu schlagen, der Puls steigt, unsere Extremitäten werden durchblutet und wir beginnen zu schwitzen.[39] Unser Gesicht signalisiert den Spannungszustand durch Aktivierung mehrerer negativer Muskeln, vor allem des Corrugator supercilii.

Die Magie liegt im Kontext

Beispiele wie das von Trump oder der 9/11-Berichterstattung aus New York City stellen unsere landläufige Wahrnehmung von Emotionen auf den Kopf. Aber nur, weil unser I gelernt hat, dass Emotionen immer irgendwie offensichtlichen Sinn ergeben müssen. Wir stoßen durch die kontextbasierte Emotionsmessung aber auf Zusammenhänge, die zunächst kontraintuitiv erscheinen und die wir uns manchmal mühsam vor Augen führen müssen. Es gibt gleichzeitige, sich auf den ersten Blick widersprechende Emotionen. Am Ende erkennen wir: Unser Me gibt so viel mehr her als wir bewusst in der Lage sind zu erkennen. Erstmals können wir differenziert in die Psyche des Menschen hineinblicken, und zwar fast in Realtime.

Wie alle Methoden hat auch heart.facts® Grenzen. Die Limitierung liegt in erster Linie in der Anwendbarkeit. So ist es z. B. unmöglich, alle sieben eKPI zu messen, während jemand z. B. Käse verkostet, was auch noch Kauen erfordert, oder sich in anderer Weise

39 Je rhythmischer übrigens unser Herz schlägt, desto eher sind wir in Panik. Je regelmäßiger die Gliedmaßen mit Blut versorgt werden, desto besser können wir flüchten oder kämpfen.

physisch anstrengt. Allerdings sind manche eKPI von körperlicher Bewegung wie z. B. Laufen unabhängig. In einem Projekt für die amerikanische Hygiene-Marke Clorox ging es darum, die Auswirkungen von sauberen und ordentlichen Räumen in Abgrenzung zu schmutzigen, unordentlichen Räumen auf die Psyche des Menschen zu untersuchen.[40] Dazu wurden die Teilnehmerinnen und Teilnehmer aufgefordert, sich durch ein sauberes bzw. schmutziges, identisch geschnittenes Appartement zu bewegen. Das Gehen erschwerte die Analyse des kompletten eKPI-Spektrums, und so konzentrierten wir uns auf die emotionalen KPI, die durch das Gehen so weit wie möglich unbeeinflusst waren.

So viel auf einmal

Die Messung und Auswertung der emotionalen KPI ist zweifellos komplex, sowohl in der Theorie als auch in der Praxis. Nicht minder anspruchsvoll ist die Darstellung der Ergebnisse. Wie bereits beschrieben, reagieren besonders Biometrie-unerfahrene Auftraggeber auf eine einzige »Emotionskurve« mit Neugier und Aufgeschlossenheit. Es entspricht unserem landläufigen Denken, dass wir nur eine Emotion zu jedem gegebenen Moment empfinden, und eine Kurve ist so herrlich einfach zu verstehen: Kurve runter (schlecht), Kurve rauf (gut). Aber nur weil das I so begrenzt ist, heißt das nicht, dass wir nicht mehrere Emotionen gleichzeitig haben. Eine Methode, die die Vielfalt von Emotionen abbildet und dies auch noch simultan, trägt daher das Potenzial der Überforderung in sich. Ohne es zu wissen, müssen wir alle die dritte Kränkung der Menschheit jeden Tag aufs Neue verarbeiten.

Daher bedarf es zum einen der möglichst schlüssigen Aufbereitung der sieben emotionalen KPI und zum anderen der sinnvollen psychologischen Ursachenerklärung: Warum sind die eKPI so, wie sie sind? Welche psychologischen Trigger im gezeigten Material (Werbespot, Packung, Poster, App usw.) stecken dahinter? Denn wer einmal einen Blick auf das Innere der Matroschka geworfen hat, möchte in der Regel auch wissen, was der psychologische Auslöser der körperlichen Reaktionen war, die die emotionalen KPI abbilden.

5.7 Die Aufbereitung der emotionalen KPI

Und der Körper so: bitte warten

Bei der Betrachtung von Bewegtbildern, egal ob TV-Spots, Facebook-Spots oder UX-Strecken, die vom Screen des Smartphones »gegrabbed« wurden – heart.facts® bildet das emotionale Erleben dieser Stimuli im Zeitablauf zuverlässig ab. Heart.facts® erfüllt den alten Traum der simultanen Einsicht in das, was im Menschen psychologisch vorgeht. Allerdings mit einer kleinen Einschränkung: Würden sich alle biometrischen

40 Die Studie zeigt, dass Menschen sich in sauberer Umgebung besser konzentrieren, kognitiv aktiver und auch offener sind als in schmutzigen Umgebungen, in denen das innere Kind damit beschäftigt ist, sich abzuschotten.

Signale innerhalb einer Millisekunde entfalten, wäre es kein Problem, in Realtime zu zeigen, was im Inneren der Zuschauerinnen bzw. der Verbraucher passiert. Die Signalübertragung ist von der Geschwindigkeit her nicht limitiert. Aber der Körper nimmt sich die Zeit, die er braucht, denn obwohl sich manche Signale sofort manifestieren, brauchen andere eine kleine Weile. So z. B. erfordert die elektrodermale Aktivität (EDA) oder das EKG ein paar Sekunden, bevor sie sich vollends offenbaren und interpretierbar sind, während Mikroexpressionen mehr oder weniger sofort passieren. Daher bildet heart.facts® Bewegtbilder wie TV-Spots in Messintervallen von fünf Sekunden ab.

Die Skala nach oben und unten hängt von der Ausprägung der »extremsten« Kurve ab. Wie bereits erwähnt, sind alle eKPI-Daten vergleichbar, da Z-standardisiert. Sie verteilen sich um die Baseline herum, den aggregierten emotionalen Ruhezustand über alle Teilnehmerinnen und Teilnehmer. Die Z-Standardisierung ermöglicht prozentuale Aussagen wie »Spot A erzeugt in der Phase des Call-to-Action 20 % mehr Attraktion als Spot B« und macht die Werte so vergleichbar.

Die Betrachtung der eKPI über die Zeit ermöglicht eine Aussage über die Intensität des emotionalen Erlebens. Typischerweise definieren wir Ausprägungen innerhalb des sogenannten White-Noise-Korridors zwischen -0,5 und +0,5 als emotional wenig intensiv. Die Aussagekraft von Bewegungen innerhalb des White-Noise-Korridors ist begrenzt. Die Aussagen müssen stark kontextabhängig getroffen werden. So gibt es Werbespots, die den Korridor nicht verlassen. Diese erzeugen sehr schwache emotionale Reaktionen, was für Spots jeglicher Art ein Problem darstellt. Die Amplitude der eKPI ist daher ein verlässlicher Hinweis darauf, wie intensiv oder »lau« sich die emotionale Dramaturgie von Bewegtbildern entfaltet.

Es gibt zwei Wege, eKPI für eine Bewegtbildstrecke zu analysieren: Inside-out und outside-in. Beide finden Anwendung! Zunächst betrachten wir die eKPI inside-out und verteilen Red Flags: Wo sind Ausbrüche, extreme Werte, auf den ersten Blick widersprüchliche eKPIs oder Strecken innerhalb des White-Noise-Korridors? Dann betrachten wir outside-in, was inhaltlich auf der Bewegtbildstrecke passiert, und identifizieren emotionale Meilensteine, beispielsweise für einen TV-Spot »Story-Einführung«, »Höhepunkt der filmischen Dramaturgie«, »Auftritt des Produkts/der Marke« und »Call-to-Action« am Schluss. Dann weisen wir den Meilensteinen Bewegung und Höhe der eKPI zu. Nimmt z. B. der Stress von Anfang bis Ende zu, sind wir Zeuge eines unproduktiven psychischen Erlebnisses, geprägt von wachsenden Konflikten und einem daraus resultierenden Fluchtimpuls.

Im zweiten Schritt betrachten wir die Beziehung der eKPI zueinander. Dabei gibt es keine starre Reihenfolge, auch wenn meistens mit Attraktion und Relevanz begonnen wird – beide markieren in der Regel das mit Zahlungsbereitschaft aufgeladene Produkt- oder Markeninteresse. Im Laufe der Kontextanalyse setzen wir die eKPI miteinander so ins Verhältnis, dass wir ihre emotionale Richtung möglichst genau interpretieren können,

z. B. vergleichen wir Attraktion mit Reflexion, emotionale Nähe mit Stress u. v. m. Um dem Eindruck zu entgehen, dass heart.facts® nur TV-Spots untersucht, ist hier noch einmal darauf hinzuweisen, dass nicht nur sämtliche Bewegtbild-Formate emotional gemessen werden (redaktionelle Strecken, ganze TV-Formate, UX-Strecken), sondern auch andere Erlebnisse im Zeitablauf, also Radiospots, Eincremen mit Salbe, Duft u. v. m.

Amazon Prime, der Glücklichmacher

Abb. 35: TV-Spot von Amazon Prime (Quelle: Youtube)

In diesem TV-Spot von Amazon Prime sehen wir die Geschichte eines Kleinkinds, das auf den Familienhund mit Weinen reagiert. Später streichelt das Kind einen Stofflöwen; eine Szene, die der Hund offensichtlich mitbekommt. Als Nächstes sieht man, wie der Vater bei Amazon eine Bestellung am Handy macht. Kurze Zeit darauf sieht man, wie der Hund sich wieder dem Kind nähert, ausstaffiert als Löwe. Offenbar wurde bei Amazon eine Löwenmähne bestellt. In der letzten Einstellung sehen wir, wie das Kind sich neugierig und fröhlich dem Löwenhund annähert. Der gesamte Spot kommt ohne Worte aus, untermalt mit ruhiger, unaufdringlicher Musik.

Wir sehen zu Anfang, dass sich sowohl Sympathie als auch Attraktion positiv entwickeln: Das Bild einer Familie mit kleinem Kind ist universell anziehend. Reflexion steigt stark, da der Zuschauer neugierig darauf ist, worauf die Szene hinausläuft – umso mehr, als das Kind den Familienhund ablehnt. Neugier entsteht bei Reflexion plus Attraktion. Auf den ersten Blick kontraintuitiv ist der neutrale bis leicht negative Verlauf von emotionaler Nähe und Relevanz. Allerdings gibt die Szene denen, die weder kleine Kinder haben noch planen, keine Basis für emotionale Nähe, denn diese erfordert ein Mindestmaß an Identifikation oder Projektion. So attraktiv die Szene ist, so wenig relevant ist sie. Wir lernen daraus, dass man Inhalte schön und gut finden kann, ohne dass sie von besonderer Wichtigkeit sein müssen. Andererseits ist der Spot damit gleich zu Anfang nicht sonderlich aufmerksamkeitsstark. Dann ist es wichtig, dass er »schnell zur Sache kommt«. Und das tut er: Der Spot zieht nämlich relativ schnell in einen Minikonflikt hinein, den man sofort versteht: Der Hund fühlt sich ungeliebt.

Ähnlich wie im berühmten IKEA-Spot mit der traurigen Lampe, die durch eine neue ersetzt wurde, interpretiert man in den Hund das Gefühl von Traurigkeit bzw. Ausgestoßensein hinein: Er fühlt sich überflüssig, weil das Kind mit dem Löwen spielt, aber nicht mit ihm. Er, der immer zur Familie gehörte, hat nun keine Rolle mehr. Die begleitenden Tiefeninterviews offenbaren, dass die eine kurze Einstellung des Hundegesichts eine ganze emotionale Geschichte erzählt, und so ist nach nur fünf Sekunden bereits ein sympathisches Drama auserzählt, das ohne Worte auskommt.[41] Der Wert für Reflexion bei Abbildung des traurigen Hundes (der im Spot übrigens gar nicht traurig aussieht), nimmt ab, was bedeutet, dass nun alle Fragen geklärt sind. Man weiß, worauf es bei diesem Spot hinausläuft, ohne zu wissen, was genau die Lösung sein wird; das ist aber auch nicht mehr notwendig. Mit Kenntnis des Problems steigt die Relevanz als Ausdruck der Notwendigkeit einer Lösung. Der bislang unbeteiligte Zuschauer ist nun »drin«. Die emotionale Nähe steigt ebenfalls leicht: Es ist zwar der Hund, der sich überflüssig fühlt, aber jeder Zuschauer weiß ganz genau, wie sich das anfühlt, wenn man plötzlich abgemeldet ist, nur weil die beste Freundin einen neuen Freund hat, die Kinder nicht mehr zum Schmusen angelaufen kommen oder der neue Kollege einem beim Chef die Show stiehlt. Man identifiziert sich also paradoxerweise mit dem Hund, wer hätte das gedacht! Diese spezifische Identifikation liest man nicht direkt aus den Kurven ab, aber die Assoziationen zum Hund aus der begleitenden psychologischen Befragung ermöglichen die deutliche Interpretation der eKPI und laden sie mit »Story« auf. Die Lösung des Dramas liegt offensichtlich im Swipe der Prime-Bestellung, von der wir nicht erfahren, was bestellt wird.

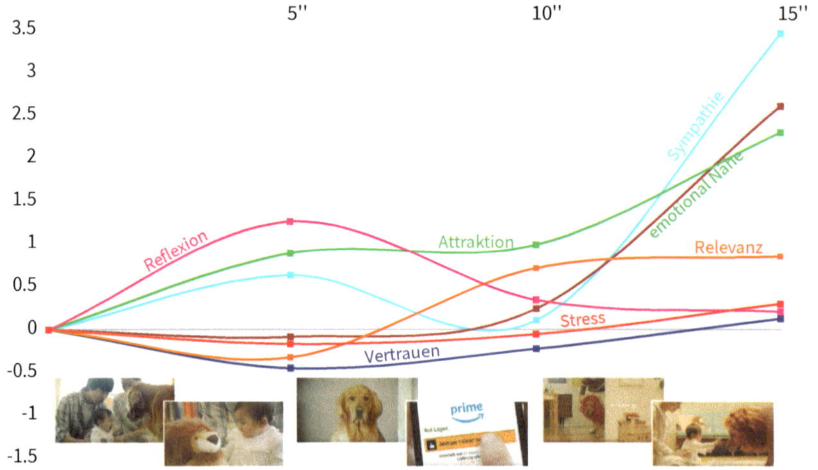

Abb. 36: Emotionale KPI zum TV-Spot von Amazon Prime (Quelle: september Strategie & Forschung)

41 An dieser Stelle sei erinnert an die norddeutsche Werbeagentur, die steif und fest behauptete, »Storys« seien in 15-Sekunden-Spots schlicht und einfach nicht realistisch erzählbar.

Der letzte Fünf-Sekunden-Abschnitt offenbart eine Explosion der positiven eKPI, was den Spot übrigens zu einem der emotional wirksamsten Spots aus Hunderten getesteter TV-Spots in der *september*-Datenbank macht: Sympathie, Attraktion und emotionale Nähe sprengen bis zum Schluss die Skala, während der Wert Relevanz im deutlich positiven Bereich steht. Kognitiv wird der Spot aufgenommen und verstanden, es gibt aber keine offenen Fragen, der Stress ist nicht nennenswert entwickelt. Aus den Interviews erfahren wir den Grund für die Positivität. Amazon Prime stellt sich hier in den Dienst der Familie und des Hundes, der nun aufgrund der Löwenverkleidung akzeptiert wird: Die Familie ist wieder eins, sie ist geheilt. Dies ist ein Grundmotiv, das alle Studienteilnehmerinnen und -teilnehmer tief berührt, denn jeder kennt irgendein Problem aus der eigenen Familie. Prime heilt die Familie also stellvertretend für alle. Es geht daher nicht wirklich nur um den Hund, sondern um etwas viel Größeres, daher auch die hohe emotionale Nähe in Form von Projektion. Gleichzeitig wird klar, Amazon Prime ist schnell. Ursache und Wirkung werden hier sehr schnell miteinander verzahnt, nichts ist kompliziert. Höchste Attraktion und sehr hohe Relevanz zahlen auf den psychologischen Benefit von Prime ein und tragen gleichzeitig den funktionalen Benefit in sich.

Amazon ist es gelungen, über eine äußerst einfache, universell verstandene Mechanik den Prime-Service in all seinen funktionalen Vorteilen mit einer emotional hoch-involvierenden Geschichte zu verbinden.

Emotionale Profile

Im Gegensatz zur emotionalen Dramaturgie von Bewegtbildern steht die Messung von emotionalen Profilen, wenn sie auf unbewegliche Inhalte angewandt wird. Hier ist die Anzahl der Messpunkte auf eins bis drei beschränkt, d. h. sofort nach dem Zeigen und anschließend nach fünf und zehn Sekunden. So wird die emotionale Entwicklung z. B. beim Betrachten von Postern, Anzeigen und Markenlogos gemessen. Dies ergibt Säulen-Diagramme mit den sieben eKPI.

Markenprofile werden anhand von Logos gemessen. Hier gibt es in aller Regel keine zeitliche Differenzierung, es reicht ein Messpunkt.

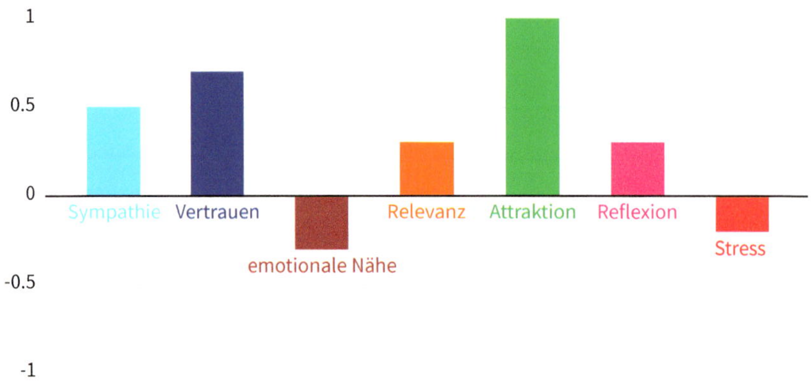

Abb. 37: Emotionales Profil einer Marke (Quelle: september Strategie & Forschung)

Dabei müssen die Testpersonen mit den Marken vertraut sein und mit den Logos emotionale Eindrücke, Erfahrungen und Gedanken assoziieren. Das funktioniert mit den großen Marken wie Persil, Milka oder Vodafone hervorragend, mit Nischenmarken aber nur bei Verwendern und Kennern. Mit anderen Worten: Logos sind emotionale Symbole für Markenerfahrungen. Unbekannte Logos triggern solche emotionalen Assoziationen nicht – in solchen Fällen repräsentieren die Messwerte Reaktionen auf das Visual, nicht auf die dahinterstehende Marke.

!

Summary zu Kapitel 5

Emotionen beeinflussen nicht nur unser Denken und Fühlen, sondern auch unseren Körper. Sie beherrschen den Menschen seit frühester Zeit und sicherten auch sein Überleben – Emotionen, die heute noch das Verhalten zahlreicher Konsumenten – z. B. am Black Friday – erklären und die wir im Me, dem inneren Kind, verorten. Unsere Emotionsforschungsmethode heart.facts® ist in der Lage, diese Emotionen am Körper zu erfassen und zu interpretieren. Dabei werden Methoden psychophysiologischer Emotionsmessung und tiefenpsychologischer Befragung kombiniert. Bei der Emotionsmessung werden allzu häufig nur einzelne oder einige wenige Parameter erfasst und dargestellt, allen voran die Aktivierung. In Abgrenzung dazu und zu den aus unserer Sicht limitierten neurowissenschaftlichen Verfahren ist heart.facts® in der Lage, nicht nur marketingrelevante Parameter zu erfassen, sondern auch deren Gleichzeitigkeit zu berücksichtigen. Diese parallel gemessenen Muster (»emotionale KPI«) sind **Attraktion**, **Relevanz**, **Sympathie**, **emotionale Nähe**, **Vertrauen**, **Reflexion** und **Stress**. Sie werden auf einem Set von über 20 Biosignalen durch einen proprietären Algorithmus errechnet. Hierbei ist die präzise Definition der eKPI zentral. Als physiologische Quelle dieser Biosignale dienen elektrodermale Aktivität (EDA), Elektrokardiogramm (EKG), Photoplethysmografie (PPG) und Elektromyografie (EMG). Die sieben emotionalen KPI werden durch einen tiefenpsychologischen Kontext ergänzt, der aus Konsumenteninterviews gewonnen wird und ihre seelische Ursache beleuchtet, wie das Beispiel von Amazon Prime zeigt.

6 Fehler Nr. 6: Fokussiere Dich auf nur eine Sache

6.1 Die tiefenpsychologische Analyse ergänzt die emotionalen KPI

Das emotionale Drama des Kindheitstraums

Um die Ergänzung aus Emotionsmessung und Tiefenpsychologie zu wertschätzen, soll es zunächst um einen TV-Spot gehen, der das innere Kind direkt und ohne Umschweife anspricht. Wir sehen einen kleinen Jungen, der in seinem Bett schläft. Daneben stehen Porsche-Modellautos. Der Junge hat einen Traum, in dem er im Porsche auf einer Rennstrecke dahinrast: in seinem »Traum«-Auto. Plötzlich nähert sich von hinten ein Mercedes-AMG-Sportwagen, der den Porsche überholt. Der Junge wacht schweißgebadet auf: Sein Idol wurde entthront, und wir lesen: »Das Auto, von dem Sie als Kind träumten, wurde soeben überholt.« Der Spot ist ein Symbol der Stärke und Überlegenheit des Mercedes über den Platzhirschen. Nirgendwo zählt diese Schmach so viel wie im Kopf von kleinen Jungen.

Gleich zu Anfang zieht uns der Spot in seinen Bann, was wir an positiver Relevanz und Attraktion ablesen: Beide bewegen sich steigend auf den Siegesmoment zu. Auch die Sympathiewerte beginnen zu klettern, als der Mercedes als Rivale auftaucht. Das Duell lässt die drei wichtigen eKPI Attraktion, Sympathie und Relevanz steigen. Man sieht aber auch, dass die emotionale Nähe leicht ins Negative rutscht – bei einem Zweikampf, bei dem der Zuschauer keine Partei ergreift, kann auch keine emotionale Nähe entstehen. Wendepunkt der Story ist der Moment, in dem der Mercedes den Porsche überholt. Das wird sorgfältig vorbereitet, indem das Motorengeräusch intensiver wird und der Traum des Jungen erkennbar zum Alptraum wird. Als es soweit ist, fallen die eKPI deutlich ab: Das Rennen ist gelaufen. Das ist das Schicksal von deutlichen Höhepunkten in TV-Spots: danach ist die Spannung weg. Die Frage ist nun, ob man als Zuschauer die Botschaft auch verinnerlicht hat. Denn Ziel des Spots war es nicht, Supersportwagen zu verkaufen, sondern Mercedes in den Köpfen der Menschen als siegreichen Porsche-Rivale zu zementieren: ein Imagespot! Und obwohl die Spannung zunächst raus zu sein scheint, erntet die Botschaft als Texteinblendung noch einmal Attraktion und Relevanz: ein zweiter Klimax. Auch wenn zum Schluss beide eKPI nicht mehr steigen – sie bleiben klar positiv, was zeigt, dass der Spot das Revier des Mercedes AMG erfolgreich markiert hat, obwohl Supersportwagen kaum Alltagswichtigkeit haben. Aber Zeuge eines Zweikampfes zu sein, hat für die meisten Menschen Relevanz, weil sie in uralte, prähistorische Muster hineingezogen werden. Und der Sieger wird erinnert: weil er gewonnen hat!

[Uhr tickt, Glockenspiel, ein Junge schläft]

[Porsche auf Rennstrecke, Motorgeräusch]

[Es passiert im Traum des Jungen]

[Ein zweiter Rennwagen erscheint]

[Der Junge verkrampft sich im Schlaf]

[Das Regal mit den Porsche Automodellen erzittert leicht]

[Motorgeräusche werden intensiver]

[Der Mercedes überholt den Porsche]

[Der Junge wacht schweißgebadet auf]

[Stille. Text: »Das Auto, von dem Sie als Kind träumten, wurde soeben überholt.« Musik beginnt]

[Text: »Crafted by Racers.«, gefolgt von „Der neue Mercedes-AMG GT."]

[Musik: fade out]

Abb. 38: TV-Spot für Mercedes AMG-GT

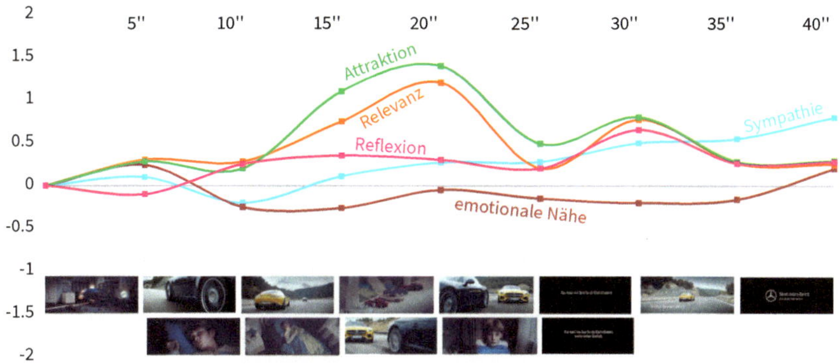

Abb. 39: eKPI zum Mercedes AMG-Spot

Zu Beginn der Tiefeninterviews drängten die Teilnehmer darauf, den Spot zu entwerten. Sie gaben zwar zu, dass sie am Bildschirm klebten, aber befragt nach der Bedeutung des Duells winkten alle ab: Es gibt alltäglich Wichtigeres als Supersportwagen. Und das sind ja vor allem Luftverpester und Spritsäufer, ein Spielzeug für die Reichen, so what. Doch die eKPI zeigen etwas anderes! Vor allem Relevanz und Attraktion offenbaren, dass es hier um mehr geht: um den archaischen Zweikampf und siegreichen Gewinner im Kopf des Jungen. Nun ist eine tiefenpsychologische Befragung kein Ort, an dem man sich mit spontanen Äußerungen zufrieden geben darf. Die archaische Story schälte sich in den Zweit- und Drittassoziationen heraus: Man dachte an das Leben als Kampf! Erst der Übertrag der Rivalität in das eigene Leben machte klar, dass der Spot auf einer höheren Ebene die Menschen und ihre inneren Kinder sehr wohl erreicht. Wir sehen: Die psychologische Interpretation des Spots lässt sich aus den Kurven allein kaum ablesen. Eine nicht ganz so tiefgehende Befragung kann sehr irreführend sein. Daher ist die Kombination aus Messung und Tiefenpsychologie so mehrwertig.

6.2 Emotionsmessung ist nicht gleich Emotionsforschung

Heart.facts® ist keine Bezeichnung für die Emotions*messung*, sondern für die Emotions*forschung* von *september*. Emotionsforschung erfordert zwingend die *Kombination aus Messungen und Tiefeninterviews*, denn die eKPI erfordern eine inhaltliche Ergänzung. Die psychologische Story hinter den eKPI ist äußerst wichtig, da man ohne diesen Hintergrund auf Rätselraten angewiesen ist, wenn man den inhaltlichen Ursprung der Messung klären möchte. Während man sich Ergebnisse wie beim Prime-Spot mit etwas Introspektion und psychologischer Deutungsübung möglicherweise noch selbst herleiten kann, ist man bei den meisten emotionalen Dramaturgien von Bewegtbildern und emotionalen Profilen von Marken und Anzeigen auf die tiefenpsychologischen Analysen angewiesen.

Um beispielsweise einen TV-Spot zu optimieren, reicht es natürlich nicht, allein in der Sprache der eKPI zu sprechen. »Mehr Attraktion« oder »weniger Stress« sind natürlich keine praktikablen Handlungsanweisungen. Dies ist im Übrigen auch die große Kritik an den allermeisten Anbietern biometrischer oder neurowissenschaftlicher Verfahren: Sie verlassen sich auf die Aussagefähigkeit der Daten selbst. Für eine oberflächliche Bewertung von Werbemitteln reicht das möglicherweise aus. Aber für eine begleitende Forschung braucht man auch den Kontext menschlicher Wahrnehmung, die »Story«.

Die Symbiose aus Tiefenpsychologie und Emotionsmessung ist aber nicht nur mehrwertig, weil die eKPI Interpretation erfordern. Sondern auch umgekehrt: Allein auf Befragungen basierende Werbemittelforschung begeht häufig den Fehler, Kaufabsichten oder Gefallensbekundungen als Grundlage der Analyse zu verwenden, sogar bei vorgeblich tiefenpsychologischer Analyse. Marktforscher haben nämlich nicht selten die Tendenz, anhand dieser Teilnehmeräußerungen eine Grundsatzentscheidung zu treffen: Empfehle ich den Spot mit Änderungen oder empfehle ich ihn nicht? Das Motiv dieses Verhaltens ist menschlich mehr als verständlich. Wenn sich Teilnehmerinnen und Teilnehmer der Forschung negativ über ein Werbemittel z. B. während einer Gruppendiskussion geäußert haben, tut sich der Forscher leichter mit der Verteidigung der Einschätzung, das Konzept sei nicht heilbar und damit nicht empfehlenswert.

Hier ist Emotionsmessung à la heart.facts® eine große Hilfe, denn die eKPI unterstützen die qualitative Forschung mit undiskutierbaren Fakten – der Körper lügt nie. Und wenn Studienteilnehmerinnen und -teilnehmer genüsslich einen Werbespot verreißen, weil er liebgewonnene Ansichten ihres I in Frage stellt, hilft die Emotionsmessung, den Reaktionen des inneren Kindes Geltung zu verleihen. Dass wir uns nicht falsch verstehen: Idealerweise sollte die Tiefenpsychologie alle Fragen beantworten können, wenn sie richtig vorgeht. Aber eine Instanz wie die hier vorgestellte Emotionsmessung kann in eine analytische Gemengelage aus »einerseits … andererseits« eine entscheidende Bestimmtheit bringen, die ansonsten aus der Erfahrung oder dem Instinkt des Forschers kommen muss. Nach allem, was wir wissen, ist die tiefenpsychologische Werbeforschung keine exakte Wissenschaft, und sie kann es wohl auch niemals sein. Nicht umsonst ist die Fixierung seitens der Auftraggeber auf bestimmte Köpfe in der qualitativen Forschung viel höher als in der quantitativen Forschungswelt.

Im Rahmen der heart.facts®-Emotionsforschung folgt auf eine Messung ein Tiefeninterview. Das Interview ist in der Regel nicht so lang wie ein Stand-alone-Interview ohne heart.facts®. Das hat einen einzigen Grund: Es werden ganz viele Fragen gar nicht erst gestellt.

Selbst in einem Tiefeninterview wird Zeit darauf verwendet herauszubekommen, was der Teilnehmer über ein Werbemittel denkt, ob es ihm gefällt oder ob es ihn zum Kauf bewegen würde. Diese Fragen werden in der heart.facts®-Emotionsforschung nicht mehr gestellt. Die Antworten darauf geben die eKPI viel verlässlicher und genauer. Warum Gesprächszeit auf Fragen verschwenden, die das I ohne aufwendige psychologische Intervention ohnehin nicht beantworten kann, weil das innere Kind ja sowieso »in command« ist?

Die eKPI stehen dem Interviewer während der Gespräche mit den Teilnehmerinnen und Teilnehmern übrigens nicht zur Verfügung (auch wenn die Auswertung relativ schnell geht). Es soll dadurch vermieden werden, dass der Interviewer nur noch anhand der offensichtlichen Ausprägungen der eKPI gezielt nachfragt, z. B. »Was war da los, als der Stress nach oben schnellte?«. Diese Form der Befragung würde die Interviews zu lückenstopfenden Wissensexkursionen machen, aber nicht zu Tiefeninterviews, die ihren Namen verdienen. Vielmehr versucht der Interviewer die Story des Werbemittels oder des Konzepts zu verstehen, ohne von den Daten beeinflusst zu sein.

So werden die Tiefeninterviews wieder zu dem, was sie ursprünglich sein sollen: explorative Reisen mit dem Teilnehmer oder der Teilnehmerin. Erinnerungs-, Assoziations- und Projektionsfragen dominieren die Gesprächsführung.

Kreation und Forschung, ein ungleiches Paar

Traditionell ist das Verhältnis zwischen Marktforschung und Werbeagenturen nicht immer das Beste gewesen. Und das ist menschlich verständlich. Wer Tag und Nacht an einer Idee gearbeitet hat, ist naturgemäß ein wenig sensibel. Und eine Agentur, vom Kundenberater zum Kreativen, muss mit Überzeugung hinter ihrer Idee stehen, sonst es ihr unmöglich, sie zu verkaufen, und das ist auch völlig nachvollziehbar. Nun sind große wie kleine Marktforschungsinstitute häufig nicht willens oder in der Lage, den dringend notwendigen Perspektivwechsel zu vollziehen und Ideen wie Zwiebeln zu behandeln, die man so lange schälen muss, bis man zum attraktiven Kern vorstößt. Stattdessen wird häufig die ganze Zwiebel pauschal beurteilt, mit »dem Verbraucher« als Legitimation. Der nämlich findet alles Neue bedrohlich und alles Alte gewöhnlich. Man kann es ihm kaum recht machen. Kein Wunder, dass Werbeagenturen einer Zusammenarbeit mit der Marktforschung selten freudig entgegenfiebern.

Tatsächlich argumentiert Marktforschung häufig mit dem I. Das I im Verbraucher kritisiert gerne. Vor allem, wenn es um seine Meinung gebeten wird. Das innere Kind allerdings wird kaum befragt. Hinzu kommt der bereits diskutierte Negative Recommendation Bias (NRB). Institute empfehlen lieber, etwas nicht zu machen, als es zu machen, weil sie im ersten Fall nicht zur Rechenschaft gezogen werden können, im zweiten aber sehr wohl. Werbeagenturen und Entscheider kennen das auch: Die gewagten Ideen haben es deutlich schwerer, und das Risiko, schon an der Marktforschung zu scheitern, ist groß. Zu Recht. Oder wie Anton Ego aus Ratatouille sagt: Das Neue braucht Freunde.

Wie kann Emotionsforschung helfen? Das innere Kind hat mit den eKPI nun eine konkrete Stimme, die sich in der Analyse eines Werbemittels nicht wegdiskutieren lässt. Werbeagenturen sind daher ein großer Freund von kontextbasierter Emotionsforschung: Warum dies so ist, erläutert unser Commerzbank-Beispiel im nächsten Kapitel.

Mühsamer Prozess, lohnendes Ergebnis

Aber wie bringt man beide Seiten, Tiefeninterview und eKPI, so zusammen, dass es gemeinsam eine Story ergibt? Zunächst noch einmal die Erinnerung: Die qualitative Analyse wird unabhängig von den eKPI erbracht. Ohne ablenkende Vorgabe soll so die psychologische Story herausgearbeitet werden. Erst dann werden Story und eKPI aufeinandergelegt. Jetzt beginnt es spannend zu werden, denn wir suchen nach Verknüpfungen aus psychologischen Phänomenen und Kurvenbewegungen bzw. eKPI-Werten.

Ein Produkt triggert Attraktion und Stress? Wo kommt der Stress her und warum ist das Produkt attraktiv? Welche »forbidden fruit« verbirgt sich dahinter?

Wir haben es mit einer eKPI-Entwicklung innerhalb des White-Noise-Korridors zu tun, ohne Ausschläge über +/- 0,5 hinaus. Wie kann die qualitative Analyse das begründen, und warum erzeugt der Spot keine größere emotionale Aktivität?

Es kommt häufiger vor, dass die ursprüngliche qualitative Story nicht hunderprozentig zu den eKPI passt. Das hat mehrere Gründe. Zum einen ist die kausale Verbindung zwischen psychologischer Ursache und eKPI nicht sofort ersichtlich. Man stellt sich die Frage, was im TV-Spot oder der Anzeige konkret der Auslöser war: Teilnehmer fanden z. B. die abgebildete Konservendose unattraktiv, gleichzeitig war der Produktname sympathisch. Oder der Nachrichtensprecher war attraktiv, hat aber die ernsten Nachrichten zu lapidar aufgesagt, was wiederum für skeptische Reflexion gesorgt hat. Die Diskussion hangelt sich immer an dem entlang, was die eKPI vor- und was die qualitativen Phänomene an Deutungsmöglichkeiten hergeben. Dieser Prozess ist manchmal sehr mühsam, erhöht am Schluss aber die Beurteilungs- und Prognosequalität der Forschungsarbeit deutlich. Erst wenn sich alle am Projekt Beteiligten einig sind, sowohl hinsichtlich der Messung als auch der tiefenpsychologischen Seite, erreicht die Gesamtstory den Auftraggeber.

Merkwürdig unmerkwürdig

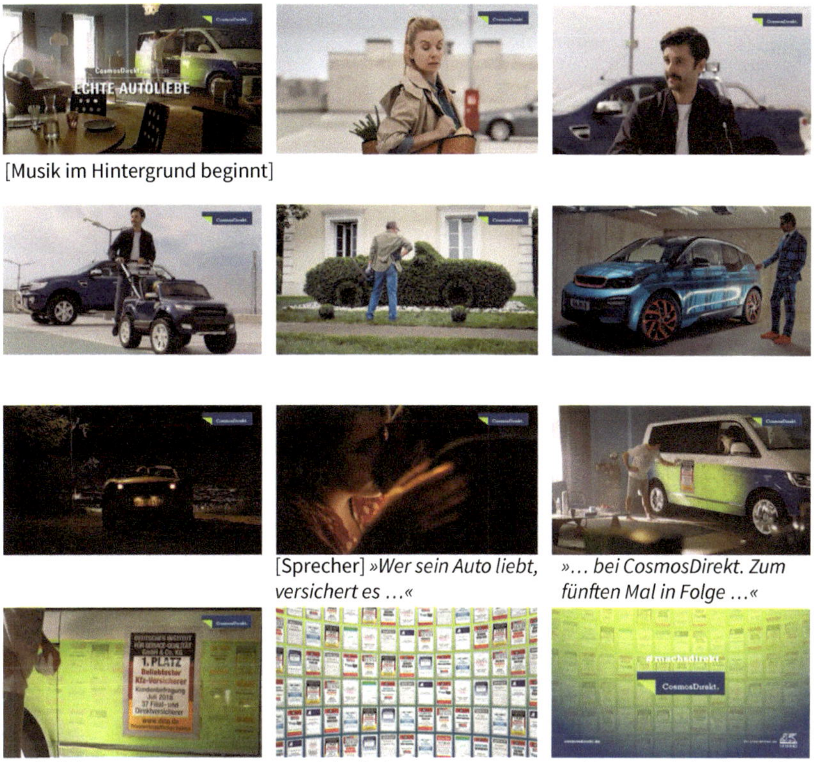

[Musik im Hintergrund beginnt]

[Sprecher] *»Wer sein Auto liebt, versichert es …«*

»… bei CosmosDirekt. Zum fünften Mal in Folge …«

»… beliebtester KFZ Versicherer Deutschlands.«

»Mach ´s direkt!«

»Bei CosmosDirekt.« [Jingle]

Abb. 40: TV-Spot für CosmosDirekt (Quelle: Youtube, CosmosDirekt)

Der CosmosDirekt-Spot fällt analytisch gesehen zunächst einmal durch schräge Bilder auf. Die Macher des Spots haben offensichtlich auf Überraschung gesetzt: Man sieht Menschen, deren Autoliebe seltsame Blüten treibt. Da steigt jemand morgens aus seinem Van in der Wohnung aus und streckt sich. Ein Mann schiebt einen Kinderwagen, der die Miniatur eines dahinter parkenden Autos ist. Der Nächste schneidet eine Hecke in Form eines Cabrios. Ein weiterer Mann trägt einen Anzug im Karo-Muster seines Autos. Schließlich eine Frau, die beim Küssen im Auto die Lehne ihres Sitzes streichelt, anstatt ihren Lover. Die Bilder sollen die am Schluss gesprochene Botschaft untermauern, dass, wer sein Auto liebt, zu CosmosDirekt geht.

Die Botschaft wird auf logischer Ebene verstanden. Wer sein Auto liebt, vertraut es CosmosDirekt an. Befragte finden den Spot witzig, weil er die Autoliebe überzeichnet. Der Spot passt in die Reihe der CosmosDirekt-Kommunikation, die meist humoristisch überzeichnet sind.

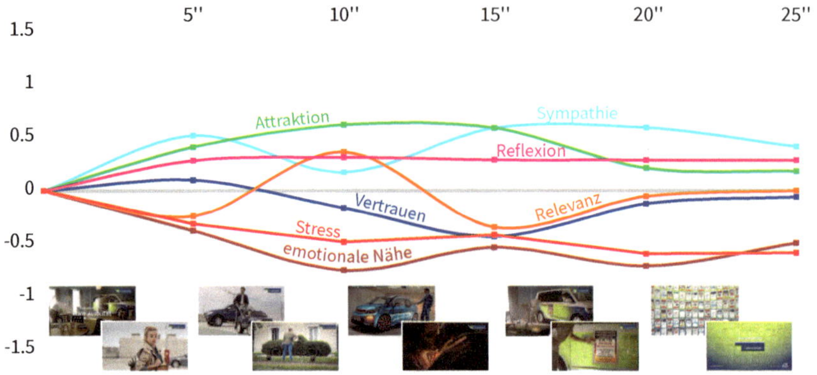

Abb. 41: eKPI zum TV-Spot von CosmosDirekt (Quelle: september Strategie & Forschung)

Die Emotionsmessung aber legt nahe, dass der Spot dem Seelenleben des Zuschauers jegliche Nahrung verweigert: Die Kurven überschreiten kaum die 0,5-Marke, d.h. die Story entfaltet nur geringe emotionale Intensität, denn dafür sind die Werte zu nahe an der Baseline. Ein Spot mit dieser geringen Intensität hat kaum eine Chance, über das Grundrauschen des Werbeblocks hinauszukommen. Man sagt, der Deutsche habe zum Auto ein verrücktes und inniges Verhältnis, aber erstaunlicherweise spiegelt sich das in der emotionalen Messung überhaupt nicht wider. Der eKPI, der das ausdrücken kann, ist emotionale Nähe. Diese ist hier durchgehend im negativen Bereich und unterschreitet die -0,5-Marke deutlich. Betrachter identifizieren sich weder mit dieser Autoliebe, noch finden sie sie erstrebenswert: Man distanziert sich sogar davon. Die Übertreibung der gewählten Szenen schafft es nicht, die »Autoliebe« im Betrachter zu aktivieren, wenn sie auch grundsätzlich gefällt. Das kreative Stilmittel der Übertreibung hat den Zuschauer buchstäblich verloren. Hinzu kommt, dass die Teilnehmerinnen und Teilnehmer der Studie einige Szenen nicht komplett verstanden bzw. erkannt haben. So haben die Teilnehmer erst beim zweiten oder dritten Sehen erfasst, dass das große Vorbild des Kinderwagens dem Mann gehört, er den Kinderwagen also seinem eigenen Auto nachempfunden hat. Oder dass die Frau die Lehne streichelt, anstatt ihren Lover. Diese Details sind für das innere Kind zu feinkörnig und für das langsame I zu schnell vorüber. Die Hauptherausforderung aber besteht darin, dass der Spot über die Bilder kein relevantes und attraktives Versprechen über CosmosDirekt macht: Was hat man *emotional* davon, zu CosmosDirekt zu gehen? Stattdessen sind offenbar Menschen mit seltsamer Auto-Affinität Kunde dort. Das relevante emotionale Versprechen aber ist eine Conditio sine qua non, eine notwendige Bedingung für das Spot-Gelingen. Die Relevanz, die jeder psychologischen Annäherung Gewicht und Ernsthaftigkeit verleiht, bewegt sich überwiegend im negativen Bereich. Da bleibt auch die gute Platzierung von CosmosDirekt nicht wirklich haften, da sie in keinerlei Zusammenhang zur erzählten Story steht.

Der Spot ist daher im Großen und Ganzen gute Unterhaltung. Sympathie und Attraktion sind zwar nicht intensiv ausgeprägt, aber positiv. Der Spot »surft« auf der Werbeblockwelle passabel mit, wird aber trotz der ungewöhnlichen Bilder kaum erinnert, und zwar aufgrund des schwachen emotionalen Impacts. Dieser sorgt letztendlich dafür, dass man den Spot als eine weitere, etwas schräge CosmosDirekt-Kommunikation verbucht.

Summary zu Kapitel 6 !

Unabhängig von der Art des Stimulus, dem der Konsument ausgesetzt ist, ob TV-Spot, Produkt, Flyer oder Duft: erst mit tiefenpsychologischen Gesprächen erschließt sich die Wirkungsstory. Anhand der Verbraucher-Assoziationen lässt sich die seelische Wirkung inhaltlich herleiten, erklären und optimieren. Diese Vorgehensweise grenzt heart.facts® von solchen Wettbewerbsmethoden ab, die sich der Sprache der biometrisch gemessenen Größen bedienen, um Empfehlungen abzugeben. Dabei befruchten sich beide Methoden gegenseitig: Ohne die psychologische Interpretation stehen die eKPI für sich allein und müssen im Nachhinein hypothetisch erklärt werden. Die Ergebnisse und Empfehlungen aus qualitativer Forschung stützen sich häufig auf das Vertrauensverhältnis zwischen Auftraggeber und Auftragnehmer. Da ist es hilfreich, wenn die psychologische Story durch objektive Messwerte belegt werden kann. Die Kombination der beiden Methoden erhöht nicht nur Validität und Aussagekraft der Forschung, sondern sie dient dem qualitativen Forscher auch als Herausforderung. Passt die psychologische Story nicht zu den Messwerten, muss weiter gesucht werden, um ein kohärentes Ergebnis zu erzielen. Dies hilft vor allem bei der Bewertung kreativer oder unkonventioneller Werbung. Da sich das I von Befragten häufig kritisch an der Andersartigkeit von Werbung abarbeitet, besteht das Risiko, dass diese Ideen durch die Forscher nicht empfohlen werden. Mit einer Me-zentrierten Methodik wie heart.facts® ist dieses Bewertungsrisiko ungleich geringer.

7 Fehler Nr. 7: Mache jede Erfahrung selbst

7.1 Mut zur Empfehlung: Verbale Stimuli richtig evaluieren

Das Schlechte-Kirschen-Phänomen

Haben Sie schon einmal einen Film gesehen, den Sie wirklich genießen wollten, aber Ihr Partner nörgelt wegen Fehlern oder Unglaubwürdigkeiten an der Handlung herum? Ihr inneres Kind sieht darüber hinweg, folgt der Story und will unterhalten werden. Ihr I bemerkt all die Fehler nicht oder ignoriert sie, weil der Genuss des Films im Vordergrund steht. Wenn Ihr Partner aber aus irgendeinem Grund den Film nicht genießen möchte, findet ihr/sein I schnell Fehler und hängt sich daran auf. Nennen wir dieses Phänomen kurzerhand »bad cherrypicking«.

Ein Test mit Verbalkonzepten, Treatments, Storyboards oder Prototypen ist ganz häufig wie bad cherrypicking: Es gilt, Ideen und Geschichten zu evaluieren, die noch gar nicht fertig sind. Solche sogenannten vorfinalen Stimuli gehören zu den schwierigeren Aufgaben, da ja nicht das Material an sich getestet werden soll, sondern die Idee dahinter. Der Stimulus ist nur ein Vehikel. Die fertige Sache am Ende des Weges erfordert von den Studienteilnehmerinnen und -teilnehmern zunächst einmal guten Willen seitens des inneren Kindes – den Willen, sich das große Ganze vorzustellen. Hat der Teilnehmer diesen »Goodwill«, konzentriert er sich auf die Story wie im Film. Hat er ihn nicht, beginnt er, nach den schlechten Kirschen zu suchen. Das ist ein normales Phänomen: Das I möchte durch Aufmerksamkeit und Kritikfähigkeit glänzen. Alles andere würde jeden Menschen naiv aussehen lassen.

Zum »bad cherrypicking« gehört daher auch die Reaktion des I auf *inhaltliche* Abweichungen von der Norm. Umso mehr, als das Konzept oder das Treatment noch nicht final ist. Was auch immer Originelles im Text auftaucht, es entfaltet seine Wirkung nicht optimal, wenn es nicht »fertig« gemacht wurde. Provokante Ideen sind gegenüber Kritik und Verurteilung umso verletzlicher, je unfertiger das dargestellte Konzept ist.

Hat sie das wirklich gesagt?

Dass man einen Spot nicht erst dann untersuchen sollte, wenn er schon fertig im Kasten ist, zeigt der folgende prominente Case. Ein Spot, der in seiner fertigen Form viel gelobt, mehrfach prämiert und in 47 Ländern ausgestrahlt wurde. Und das, obwohl es ihn eigentlich nur in deutscher Sprache gab, denn Fans haben ihn einfach übersetzt und ihrerseits geteilt.

In diesem so erfolgreichen Spot ging es überraschenderweise um ein Thema, das sich einer großen Breitenwirkung bislang nicht unbedingt verdächtig gemacht hatte: Frauenfußball! Der Spot sollte zeigen, dass die Frauschaft (so nennt sich das weibliche

DfB-Team augenzwinkernd selbst) trotz beeindruckender Erfolge nicht ansatzweise die Aufmerksamkeit bekommt, die sie eigentlich erzielen müsste. Im Gegenteil, für den ersten Titel gab es als Preis ein ... Kaffeeservice. Ziel des Spots war, auf die gewaltige Lücke zwischen verdientem Erfolg einerseits und fehlender Würdigung durch die Gesellschaft andererseits aufmerksam zu machen und so eine klare Haltung zu kommunizieren.

Dieses Thema dann auch noch kreativ umzusetzen wurde nicht unbedingt leichter dadurch, dass eine Bank der Absender war.

Die Commerzbank inszeniert in ihrem TV-Spot das Team der DFB-Fußballerinnen auf bisher ungesehene und ziemlich provokante Weise. Wir sehen die selbstbewussten Sportlerinnen, wie sie sehr souverän die Ungleichbehandlung, der sie ausgesetzt sind, thematisieren: Alle schauen auf den Männerfußball, aber im Vergleich dazu interessieren sich nur wenige für Frauenfußball. Die Protagonistinnen spielen gekonnt und souverän mit dem Image des Underdogs. Es gelingt ihnen, das Gender-Gap mit selbstironischem Augenzwinkern zu thematisieren, ohne einerseits verurteilend oder selbstmitleidig zu wirken und andererseits das Thema zu trivialisieren.

Ein erinnerungsstarkes Highlight ist ein Zitat in Abgrenzung zum Männerfußball, das in den Medien reichlich Furore gemacht hat: »Wir brauchen keine Eier, wir haben Pferdeschwänze.« Was im fertigen Spot schon heftig provoziert, hätte beinahe nicht das Licht der Öffentlichkeit gesehen. In der von *september* vor dem Dreh durchgeführten Studie haben sich alle Zielgruppen vehement *gegen* das plakative Statement ausgesprochen, das im Treatment[42] bereits angelegt war.

Normalerweise hätte solch eine klare Ablehnung der Befragten dafür gesorgt, das Zitat aus dem Skript zu streichen. Stattdessen wurde es von der Commerzbank bewusst beibehalten; die Stelle wurde sogar erweitert und betont. Wieso?

Das Treatment wurde mit der Methodenkombination heart.facts® getestet. In den Interviews war das I der Teilnehmerinnen und Teilnehmer damit beschäftigt, der eigenen Entrüstung über das Pferdeschwänze-Zitat Ausdruck zu geben. Der Humor wurde als zu platt, zu frech und unangemessen für den Absender Commerzbank beschrieben. Sich im Kontext der Eier auch noch Pferdeschwänze vorzustellen und den darin impliziten Potenzvergleich auszuhalten, verlangt dem I einfach zu viel ab. Geht gar nicht, diese Stelle muss raus, so die befragten Verbraucher. Allerdings ging es in diesem Spot nicht um größtmöglichen Abverkauf eines Produkts oder um allgemeine Beliebtheit, sondern darum, Haltung zu zeigen.

42 Ein Treatment ist die verbale Beschreibung einer Bewegtbild-Kommunikation.

Den entscheidenden Hinweis lieferte die Auswertung der Emotionsmessung über drei eKPI: Sympathie, Relevanz und Reflexion. Die Körpersignale der Teilnehmerinnen und Teilnehmer wurden aufgezeichnet, während diese das Treatment lasen. Die Messung gab Aufschluss darüber, wie das innere Kind auf diesen monströsen Verbalvergleich reagierte. Anders als die Interviews erwarten ließen, stieg die gemessene Sympathie an dieser Stelle! Außerdem nahm die Relevanz als Zeichen der subjektiven Wichtigkeit zu.

»Weißt du eigentlich, wie ich heiße?« »Und ich?« »Hm, genau.«

»Wir spielen für eine Nation, die unsere Namen nicht kennt.«

»Aber, dass wir drei Mal Europameisterinnen waren …«

»…weißt du schon oder? Ne?«

»Stimmt, es waren ja auch acht Mal.«

»Beim ersten Titel gab´s dafür ein Kaffee Service.«

»Seit es uns gibt, treten wir nicht nur gegen Gegner an …«

»…sondern gegen Vorurteile. Weißt du was?«

»Wir brauchen keine Eier. Wir haben Pferdeschwänze!«

»Wie bitte? Aaahhh!«

»Whaaaaaat?!«

»Es ist okay. Du musst dir unsere Gesichter nicht merken …«

»…nur, was wir wollen…«

»…Spielen! Unser Spiel, unser Beat.«

»Commerzbank. Die Bank an Eurer Seite«

Abb. 42: TV-Spot der Commerzbank (Quelle: Commerzbank)

Analytisch betrachtet wissen wir jetzt: Das innere Kind applaudiert an dieser Stelle des Spots und ist positiv getriggert, gerade weil es eine Grenzüberschreitung ist. Aus demselben Grund findet das I es aber untragbar; das *darf* man nicht gut finden.

Wir sehen also, dass man diese Stelle nicht einfach herausschneiden darf; offensichtlich ist dieser Moment für den Spot von hoher psychologischer Brisanz. Die Empfehlung aus dieser Me/I-Konstellation muss daher lauten, die I-Reaktion zu kanalisieren, d. h. in für die Commerzbank und das DFB-Team psychologisch konstruktive Prozesse umzuleiten. Wie lässt sich das abbilden? Gefällige Musik darüber laufen lassen? Möglichst schnelle Schnitte benutzen, um das I abzulenken?

Wie geht man mit einer solchen Empörung eigentlich richtig um? Die Empfehlung von *september* an die Commerzbank war passend zur Aufgabe. Haltung zeigen, und zwar ganz wörtlich: indem man die Pferdeschwänze-Stelle noch stärker akzentuiert und ihr noch mehr Raum gibt durch die Abbildung der Zuschauer-Empörung mitsamt entsprechender Einordnung. Ein Anti-Vorbild, das sich über die dreiste Zeile echauffiert, von dem man sich als Zuschauer aber klar abgrenzen möchte. So zeigt man (über einen kleinen psychologischen Umweg) die richtige Haltung und gibt dem Zuschauer Orientierung. Die Werbeagentur thijnk inszenierte hierzu einen eher unsympathischen Herren, der sich angesichts dieser einen Stelle im DFB-Film empört: »Wiiiiiie bitte!?« Auf einmal wirkt die Empörung kleingeistig, weil sie von ihm kommt. Wenn dieser Mann sich empört, dann muss man als Rezipient darüber stehen und ihn belächeln. Seine Empörung dient also nun einer *Überhöhung des Zuschauers*. Die folgenden gezeigten, sehr sympathischen und unterschiedlichen Menschen im finalen Spot quittieren das Pferdeschwänze-Zitat locker und mit der Aussage »nice!«. Sie helfen zusätzlich, die Reaktion umzuinterpretieren in eine amüsierte, daher souveräne Reaktion großer Offenheit. Mit anderen Worten: Der Spot schafft es, einen ursprünglich als platt und grenzüberschreitend abgelehnten Potenzvergleich in den Beweis einer souveränen Haltung zu verwandeln.[43] Anstatt der ursprünglichen drei Sekunden nahmen das Zitat und seine Reaktionen im finalen Spot eine deutlich größere Rolle ein und verhalfen ihm letztlich zu der großen medialen nationalen und internationalen Bedeutung.

43 Damit wir uns richtig verstehen: Empörung und Entrüstung seitens des I sind oft nicht so produktiv und chancenreich wie in diesem Beispiel. Wenn es um gesellschaftlich sensible Themen wie z. B. Diskriminierung geht, und Kommunikation bezieht nicht eindeutig Stellung, dann ist Empörung nicht produktiv, sondern ein echtes Warnsignal dafür, dass man sich vielleicht im Ton oder im Inhalt vergriffen hat.

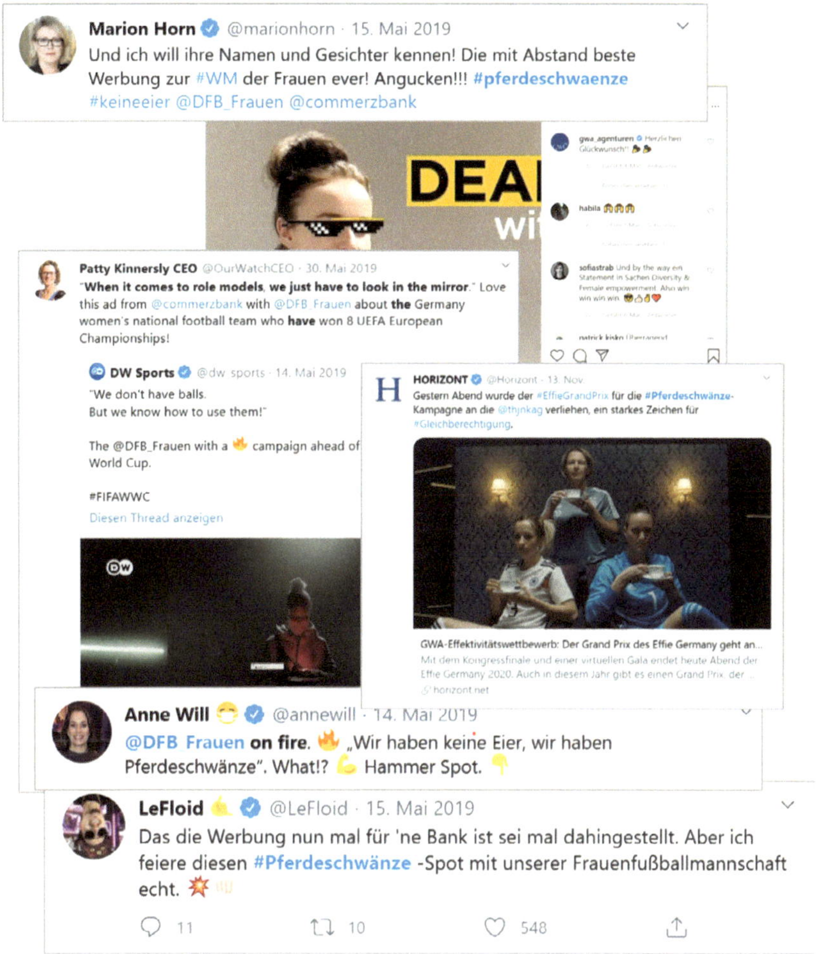

Abb. 43: Tweets und Posts zum DFB TV-Spot der Commerzbank (Quelle: Twitter, Instagram)

Der mit dem Grand Effie prämierte Spot erntete allein in Deutschland zehntausende Beiträge in sozialen Medien, und in über 2.000 davon wurde die Commerzbank erwähnt, ganz abgesehen von Lob der Presse (von Boulevard- bis zu Fachtiteln). Die Reaktion hatte umgerechnet einen PR-Wert von 30 Millionen Euro. Angelika Slavik schreibt zu diesem PR-Erfolg in der *Süddeutschen Zeitung*: »Es kommt eher selten vor, dass sehr viele Menschen auch jenseits ihrer Social-Media-Blase über eine Werbekampagne sprechen, so wie jetzt über die der Commerzbank. In den vergangenen 20 Jahren ist das vielleicht vier, fünf Mal gelungen.«[44]

44 Slavik, Angelika (2019): »Kampagne des Jahres«, Süddeutsche Zeitung vom 25.05.2019.

Es gab übrigens noch weitere wichtige – wenn auch weniger prägnante – Stellen, die aufgrund der Untersuchung optimiert wurden. Die wichtigste davon bezog sich auf die Rolle der Bank. Ein Spot der Frauschaft über die Haltung zur Frauschaft, okay. Aber was hat die Bank hier zu suchen? Die wollen doch sicher irgendwas verkaufen – das war die unbewusste Skepsis der Teilnehmerinnen und Teilnehmer. Die Bank sei auf einen fahrenden Zug aufgesprungen – zu der Zeit thematisierten ja Nike und viele andere Marken das Thema (Un)Gleichstellung der Geschlechter bzw. #metoo. Es gab bis zum Schluss des Spots keine wahrgenommene Legitimation dafür, dass die Commerzbank hierzu Haltung zeigen darf. Es fehlte klar die Antwort auf die Frage des »Why«, des Purpose. Welche *wichtige* Rolle spielt die Commerzbank für das Team? Welchen Anteil am Erfolg hat sie denn, außer dass sie gerade Sponsor ist? An dieser Stelle sprachen die Tiefeninterviews und die eKPI eine klare Sprache: Hier muss nachgebessert werden.

Die Antwort lag in der kleinen, aber wichtigen Information, dass die Commerzbank eben nicht gerade auf den Zug aufgesprungen war, sondern schon seit über zehn Jahren Sponsor ist. Die Commerzbank fügte auf Empfehlung von september den Abbinder »Superstolzer Sponsor seit über 10 Jahren« hinzu. Durch den Beweis der Langzeittreue wandelte sich die Commerzbank im schwierigen Kampf gegen Vorurteile gegenüber den DFB-Frauen vom bloßen Geldgeber zum Komplizen in der Sache. Kurz: Der Commerzbank wurde nun eine Haltung zugesprochen, und zwar die einzig richtige.

Decisions, Decisions

Wichtiger noch als das, was die Commerzbank aus dem Treatment gemacht hat, ist, was sie nicht gemacht hat. Sie hat ihn *nicht* um die potenziell problematischen Stellen gekürzt und damit weichgespült. Sie hat sich *nicht* mit den Aussagen der Studienteilnehmern zufrieden gegeben, sondern tief in die Emotionen geblickt und sich offen und kreativ auf unkonventionelle Empfehlungen eingelassen. Um es noch einmal klar und kurz auf den Punkt zu bringen: Das war nicht das übliche Prozedere. Normalerweise wird ein Marktforschungsinstitut die Probleme aufzeigen und ihre Beseitigung empfehlen. In der Hoffnung, dass das, was dann noch vom Werbemittel übrigbleibt, tragfähig und relevant ist. Im konkreten DFB-Fall aber lautete die Empfehlung durch *september* eben nicht: »Mach das weg«, sondern »Behalte es um jeden Preis, und nutze es als Chance eine echte Haltung zu zeigen«. Dieser Umgang mit Forschungsempfehlungen zeigt Vertrauen ins Zusammenspiel zwischen Marke, Agentur und Institut – und vor allem eins: Mut.

Mut ist den Marktforschern weitgehend abhandengekommen. Wir haben zuvor schon beschrieben, dass viele Empfehlungen darin bestehen, Maßnahmen *nicht* zu empfehlen, weil man als Institut das Risiko einer Fehlempfehlung vermeiden möchte (negative recommendation bias). Dinge, die man nicht empfiehlt, können nicht schiefgehen.

Eine Stelle im Treatment, die Teilnehmerinnen und Teilnehmer im Gespräch offen ablehnen, ist normalerweise ein sicherer Kandidat für die Streich-Empfehlung. Deshalb sei hier die Forderung nach einem Menschenbild, die wir in Kapitel 1 getroffen haben, ergänzt um die Forderung nach mehr Mut und Kreativität bei Empfehlungen.

7.2 Die Macht der inneren Bilder

Äußere Bilder

Das Beispiel des TV-Spots von Amazon Prime hat gezeigt, dass Bilder eine enorme Macht haben, vor allem, wenn sie selbsterklärend sind und eine Geschichte erzählen. Wir erinnern uns: Der Prime-Spot kommt sogar ganz ohne Worte aus. Unser inneres Kind kommt ohnehin mit Text-Bild-Scheren nicht so gut klar. Erst wenn die Bilder sich nicht von alleine erschließen, beginnt unser I, genauer hinzuhören, um die Brüche zu schließen und die Wahrnehmung »ganz« zu machen.

Dazu eine kurze Anekdote aus der Welt der Mächtigen: 1984 veröffentlichte die Journalistenlegende Lesley Stahl, gestandene CBS-Reporterin (bekannt für das Format »60 Minutes« in den USA), ein sechsminütiges Segment in den Abendnachrichten über Ronald Reagan, den mittlerweile legendären US-Präsidenten. Zu absolut positiven und herzerwärmenden Bildern von Reagan, wie er Paralympics-Athleten gratuliert und ein Altenheim einweiht, erzählt der Sprecher die völlig gegensätzliche Geschichte von den drastischen Subventionskürzungen für den Behindertensport und Altenheime unter Reagans Führung, um die Heuchelei des Weißen Hauses anzuprangern. Richard Darman, einer von Reagans engen Mitarbeitern, meldete sich daraufhin bei Stahl. »What a great story, we loved it!«, rief er ins Telefon. Stahl war konsterniert, da sie eigentlich mit Wut und Gegenwehr gerechnet hatte. Darman weiter: »You people in televisionland have no clue. Nobody listened to what was said. Everybody just remembered the great pictures!« Und so, 36 Jahre später, stoßen wir immer noch auf TV-Spots, die die Dominanz der Bilder unter- und die Macht des Wortes überschätzen.

Innere Bilder

Umgekehrt: Bei auditiven Reizen, also vor allem bei Radiospots, müssen wir feststellen, dass sie besonders wirksam sind, weil es sonst keine Bilder gibt und wir auf den »Sound« angewiesen sind. Das Radio zeigt uns, wie mächtig das Hörmedium sein kann. Wo es nur Ton gibt und sonst nichts, lädt das innere Kind zu großem Kino in unseren Köpfen ein. Dabei entstehen innere Bilder. Diese inneren Bilder sind genauso mächtig, wenn nicht noch mächtiger als extern vorgegebene Bilder. Und die Emotionsforschung, also Messungen plus Tiefeninterviews, ermöglicht es uns, das zu erkennen. Im Rahmen einer gemeinsamen Studie von RMS, AS&S und der Radiozentrale zeigte sich, dass Funkspots ihre ganz eigene Magie entfalten können. Dazu wurden mehrere Radiospots mit Teilnehmerinnen und Teilnehmern getestet, die die Spots einerseits ohne jede Ablenkung im Sitzen zu hören bekamen, andererseits beim Autofahren. Die emotionale Reaktion auf die Funkspots als auch auf die in den Spots genannten Marken wurde mittels heart.facts® gemessen. Alle Teilnehmer wurden anschließend einem Tiefeninterview unterzogen.

Das Ergebnis: Fast alle getesteten Radiospots hatten teilweise erheblichen positiven Einfluss auf das Image ihrer Marken. Ein Beispiel: Rotkäppchen. Der Radiospot für die Sektmarke zeigt verschiedene Anlässe auf, die gefeiert werden können. Wenn z. B. Tante Bärbel spontan mit Kuchen vorbeikommt oder wenn Sara unverhofft vor der Tür steht oder ein »neuer Erdenbürger« geboren wird.

Auf den ersten Blick zeigt die Studie eine große Herausforderung für Rotkäppchen auf: In der Erinnerung wurde im Rahmen unserer Untersuchung kaum ein Anlass korrekt erinnert. Normalerweise ist das ein deutliches Alarmzeichen für die Macher des Spots. Mehr noch: Die Teilnehmerinnen und Teilnehmer ersetzten stattdessen die im Spot genannten Anlässe »freestyle« mit ganz eigenen, persönlichen Anlässen. Da war z. B. die Rede nicht von Tante Bärbel, sondern von Tante Elfriede. Auf Nachfrage, wer denn Elfriede sei, wird klar: Das ist jemand aus der Kindheit, der wie eine Tante war. Auch der Teil mit dem Erdenbürger wurde »überschrieben«, allerdings nicht mit der Geburt des eigenen Kindes! Es stellt sich heraus, dass die meisten gar nicht wussten, was ein »neuer Erdenbürger« sein soll. Und so dichtete man »Ehrenbürger« hinein, was zum Sektanlass übrigens sehr gut passt: Da wird ein Ehrenbürger gekürt! Die Ersetzung bzw. Modifikation der vorgegebenen Anlässe durch individuelle Anlässe offenbart aber keine Schwäche des Funkspots, sondern – im Gegenteil – eine Stärke! Das innere Kind hat sich kurzerhand die Szene vorgenommen und umgeschrieben, in etwa so, wie die ambitionierte Urlaubsvertretung einer Regisseurin das Drehbuch klammheimlich umschreibt. Aber nicht zum Nachteil der Spotwirkung! Die vorgestellten Szenen erlangen schlagartig mehr emotionale Nähe und Attraktion, als es eine unbekannte Tante Bärbel oder ein rätselhafter Erdenbürger jemals bewirken könnte. Unter dem Strich gelingt es dem Funkspot der Marke Rotkäppchen, teilweise erhebliche Zuwächse bei Sympathie, Vertrauen, Nähe und Attraktion zu generieren.[45] Die »Eigenproduktion« an Anlässen treibt in der Marke sowohl Sympathie als auch emotionale Nähe nach oben, genau wie Attraktion: Man fühlt sich zu den eigenen (schönen) Erinnerungen hingezogen, man lässt sie gerne vor dem geistigen Auge wieder lebendig werden. Das Resultat ist nicht einfach ein Rotkäppchen-Spot, sondern eine Abfolge von inneren Bildern, bestehend aus individuell erinnerten und emotional nahen, feierwürdigen Szenen des (eigenen) Lebens.

45 Diese Zuwächse sind keine realen Zuwächse »für immer«, da es beim sogenannten Brand Impact auf die Reichweite und die Wiederholung des getesteten Spots ankommt. Wir sprechen bei den Markenshifts im emotionalen Profil daher von Brand Potential.

Uwe Domke, Leiter Medienforschung und Data-Management, RMS Radio Marketing Service GmbH & Co. KG, stellt fest:
»Die Erkenntnisse aus dieser Studie waren für uns bei RMS hoch relevant, weil wir erstmals mit handfesten biometrischen Daten nachweisen konnten, dass Radiospots einen großen Impact auf die werbenden Marken haben. Je mehr Radio nebenbei wirbt, desto stärker sind diese Effekte! Das ist schon deshalb wichtig zu wissen, weil Radio in den meisten Fällen nebenbei läuft, also z. B. auf dem Weg zur und von der Arbeit im Auto oder auch bei der Arbeit oder Hausarbeit. In Kombination mit den sehr erkenntnisgewinnenden Tiefeninterviews ergaben sich zusätzlich neue Erkenntnisse zur Radionutzung.«

Allein, mit einem Schönheitsfehler: Das beworbene Produkt »alkoholfrei« wurde komplett verdrängt. Stattdessen handelte es sich in der persönlichen Wahrnehmung um einen echten Sekt-Spot, *mit* Alkohol. Nun kann man argumentieren, dass Rotkäppchen immer Schwierigkeiten haben wird, etwas zu bewerben, das nicht Sekt ist. Aber es wurde in der Studie deutlich, dass die Szenen überhaupt nichts an sich haben, was einen alkoholfreien Sekt erfordern würde: Gefeiert wird idealerweise mit »richtigem« Sekt. Der Spot hätte hier eine andere, alkoholfreie Geschichte erzählen müssen – aber wäre er dann so wirksam gewesen? Diese »Korrektur« von alkoholfrei zu alkoholhaltig genauso wie das Umschreiben der Anlässe ist Ursache für den Zuwachs an Reflexion, der hier zum Ausdruck kommt.

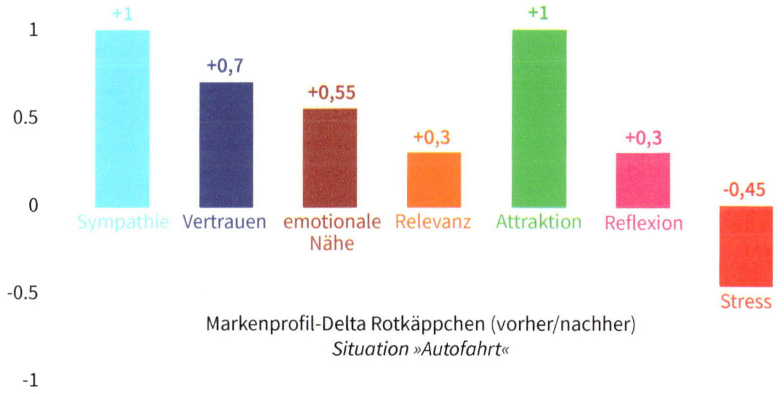

Funkspot»Rotkäppchen alkoholfrei«
[Weibliche Stimme und Rotkäppchen Theme]
»Wenn Sara unverhofft vor der Tür steht. Wenn Jonas befördert wurde. Wenn endlich mal wieder Besuch alter Freunde ansteht.
Oder Tante Bärbel spontan mit Kuchen vorbeikommt.
Wenn eine tolle Idee geboren wurde, oder ein neuer Erdenbürger. Es gibt tausend gute Gründe anzustoßen.«
[Gläserklingen, Anstoßen]
»Und mit Rotkäppchen Alkoholfrei keinen einzigen, es nicht zu tun.«
»Die Alternative im Sektglas - Rotkäppchen alkoholfrei.«

Abb. 44: eKPI zum Funkspot »Rotkäppchen Alkoholfrei« (Quelle: september Strategie & Forschung)

Der Rotkäppchen-Spot demonstriert einmal mehr, dass das I zur korrekten Wiedergabe von objektiven Informationen völlig ungeeignet ist. Umso mehr, wenn es abgelenkt ist: Die Studie zeigt, dass die emotionale Umdefinition des Gehörten in eigene innere Bilder besonders gut beim Autofahren bzw. anderen Nebenbei-Tätigkeiten funktioniert: Radioinhalte nimmt der Mensch weniger kritisch wahr, wenn er mit Fahren, mit Spülen usw. beschäftigt ist. Der mentale Türsteher I ist mit seiner geringen Bandbreite zu beschäftigt, selbst wenn Autofahren größtenteils vom inneren Kind übernommen wird. Stattdessen waren die Auswirkungen auf das Markenimage beim Hören ohne Ablenkung im Studio zwar messbar, aber deutlich geringer. Mit anderen Worten: Je »direkter« die Botschaften durch das I hindurchgehen, desto mehr bleibt an Imagewirkung hängen.

7.3 Die Entdeckung der emotionalen Innenwelt bei B2B-Zielgruppen

Handwerker sind auch sensibel

Sie haben bestimmt eine Therme in Ihrer Wohnung. Wissen Sie, von welcher Marke die ist? Nein? Dann sind Sie nicht allein. Die allermeisten können nämlich den Hersteller ihrer Therme nicht ungestützt aufsagen. Und hier ist das Problem. Natürlich möchten Hersteller wie Viessmann, Vaillant oder Junkers, dass Sie Ihre nächste Therme bei ihnen kaufen. Bei Thermen handelt es sich nämlich zwar um sogenannte High-Involvement-Produkte, mit denen man sich beschäftigen muss, weil sie teuer und komplex sind. Aber der Kauf geschieht in Wahrheit zumeist auf Empfehlung des Installateurs.[46] Deshalb sind Anbieter natürlich daran interessiert, dass Installateure ihre Marken weiterempfehlen, sie installieren und natürlich regelmäßig warten. Der größte Teil der Wertschöpfung im Anlagenbereich liegt im Service und nicht, wie man oft denkt, im Verkauf. Als Endkunde delegiert man die Anschaffung und Installation gerne an den Installateur, deshalb ist er von hoher strategischer Bedeutung für die Anbieter.

Die Aufgabenstellung, die Bosch Thermotechnik an *september* herantrug, basierte auf dem Plan, die eigene Traditionsmarke Junkers nun auch qua Nomenklatur in das Bosch-Sortiment aufzunehmen. Die Marke gehört schon lange zu Bosch und man überlegte, diese Zugehörigkeit nun auch durch die Markenbezeichnung u. a. auf den Geräten zu signalisieren. Dazu gab es verschiedene Grade, mit denen der Übergang gekennzeichnet werden sollte, von der totalen Transformation, bei der der alte Name verschwindet, bis hin zu einer Übergangslösung, in der beide Namen erscheinen.

Die Zielgruppe dieser Transformation waren nicht die Nutzer in den Privathaushalten, sondern die Installateure, denn ihr Wort hatte Gewicht. Verprellt man sie, hat dies

46 Korrekt heißt der Beruf seit 2003 Anlagenmechaniker für Sanitär-, Heizungs- und Klimatechnik.

empfindliche Auswirkungen auf das Geschäft. Daher musste man zuerst verstehen, wie sie darauf reagieren würden. Alles war denkbar: von der kompletten Ablehnung bis hin zur Umarmung der Veränderung. Auf einer rationalen Ebene wäre die Entscheidung schnell getroffen gewesen. Immerhin war hinreichend bekannt, dass Junkers zu Bosch gehört; die Verbindung reicht zurück bis 1932. Da sollte niemand überrascht sein, dass Bosch irgendwann einmal den Produkten seinen Stempel aufdrücken würde. Aber Junkers ist eine Traditionsmarke, die Vertrauen ausstrahlt, und Bosch könnte durch den Verzicht auf die Marke Bindung verlieren. Ein langsamer Übergang mit Zwischenschritten wäre von vornherein eine denkbare Lösung gewesen, auch ohne Marktforschung. Aber das ist auch sehr teuer. Ein abrupter Wechsel dagegen wäre die günstigste Lösung gewesen. Bosch hatte das klassische Dilemma: »Damned if you do, damned if you don't.«

Für diesen »Brandswitch« war es essenziell, zunächst herauszufinden, was Bosch Thermotechnik und was Junkers symbolisiert, also wofür die beiden Marken in den Augen der Installateure bislang stehen.

Die Gruppendiskussionen mit den Installateuren waren lehrreich und unterhaltsam zugleich. Erst einmal: Es waren nur Männer. Frauen sind in der Installateur-Domäne eher selten. Nach einer kleinen Runde von mehr oder weniger stereotypen Installateur-Bonmots ging es ans Eingemachte. In der ersten halben Stunde wurde klar: Installateure treffen ihre Entscheidungen nach rein rationalen Gesichtspunkten. Je besser die Installateure sich aber untereinander verstanden, desto mehr schälte sich heraus, was auch emotional in ihnen vorging. Insbesondere die etwas Erfahreneren unter ihnen fanden es wichtig, mit Marken zu arbeiten, die sie seit ihren Lehrjahren kennen. Junkers hatte bei ihnen einen großen Stein im Brett. Bosch Thermotechnik dagegen stand eher für Hochtechnologie. Letzteres ist zwar nicht besonders sympathisch, aber für das zukünftige Geschäft äußerst relevant, da die Geräte sich auch immer weiterentwickeln. Gerade ältere Installateure halten sich da gerne an altbekannten Marken von früher fest, auch wenn die Technologie immer moderner wird.

Die Prinzessin sitzt kalt

Da haben wir ein echtes Dilemma. Installateure sind hin- und hergerissen zwischen Vertrauen in die alte Marken und der Herausforderung einer immer technischer werdenden Welt. Diesen Konflikt zeigt vor allem die eine Geschichte, die wir immer wieder (in unterschiedlicher Form) von den Installateuren gehört haben: die Geschichte vom frierenden Burgfräulein.

Bei Anbruch der kalten Jahreszeit klingelt abends das Telefon, eine Frau ist dran und braucht Hilfe. Die Heizung sei ausgefallen und sie wisse nicht, wie sie das Wochenende überleben würde, wenn nicht sofort jemand aufbrechen und die Heizung wieder in Gang bekommen würde. Der Installateur hat eigentlich schon Feierabend, aber diesem Hilferuf kann er sich nicht entziehen, und er fährt in die kalte Nacht hinaus. Der Fehler ist schnell gefunden, die Kundin bietet Kaffee an, bedankt sich tausendfach bei ihm und winkt ihm beim Hinausgehen zu. Ob die Story sich genauso zugetragen hat, sei dahingestellt. Aber das psychologische Motiv ist überdeutlich: Hier erfährt der Installateur nicht nur eine tiefe Bestätigung seiner Arbeit, er fühlt sich auch als Held. Die archetypische Story dazu ist die des Ritters in glänzender Rüstung, der das Burgfräulein vor dem sicheren Tod errettet.

Was hat das nun mit Junkers vs. Bosch Thermotechnik zu tun? Nun, Installateure definieren sich als »Retter«, die Wärme und Wasser dorthin bringen, wo es kalt ist oder wo kein Wasser fließt: zwei elementare Bedingungen des Lebens. Dieses heldenhafte Selbstbild wird natürlich vom I verneint, wenn man es direkt anspricht, es entspringt dem inneren Kind. Die tatsächliche Rolle des Installateurs beinhaltet aber noch viele andere Bilder. Dem heroischen Selbstbild steht z. B. das Bild des Elektronik-Nerds diametral entgegen. Die Arbeit wird immer technischer. Anlagen sind über elektronische Diagnose auslesbar, sogar Remote Support kann geleistet werden, ohne dabei überhaupt Kontakt mit dem Kunden oder der Kundin zu haben. Wie soll man sich da als Held fühlen, wenn die Technik immer mehr überhandnimmt? Für die jüngeren Kolleginnen und Kollegen ist das weniger ein Problem, aber für die Älteren umso mehr. Und die, die Erfahrung haben, sind die größeren Empfehler. Daher muss man sie sehr ernst nehmen. Junkers steht in dieser Auffassung für die Helden-Welt, Bosch für die Technik-Welt. Wir sehen, die Markenbilder sind nicht einfach nur Markenbilder. Sie antworten jeweils auf starke Motive bzw. Ängste des inneren Kindes, deshalb sind sie so relevant! Wie sich herausstellt, hätte ein harter Wechsel auf Bosch das innere Kind verloren, mit unabsehbaren Folgen für das Empfehlungsgeschäft durch die Installateure. Ein behutsamer Wechsel wurde daher empfohlen – und mit Erfolg umgesetzt, u. a. durch den Claim »Das Beste aus zwei Welten«.

Diese bislang sehr qualitativen Insights lassen sich illustrieren anhand des als Teil der Forschung angelegten PR-Tests. Dazu wurde der Zielgruppe ein u. a. für die Installateure konzipierter Pressetext von Bosch Thermotechnik gezeigt, der den »Brandswitch« ankündigt und erläutert. Die Installateure wurden per heart.facts® vermessen, während sie den Text durchlasen. Eine gestaffelte Textausgabe stellte sicher, dass Messpunkte und Textstellen bei allen synchron waren.

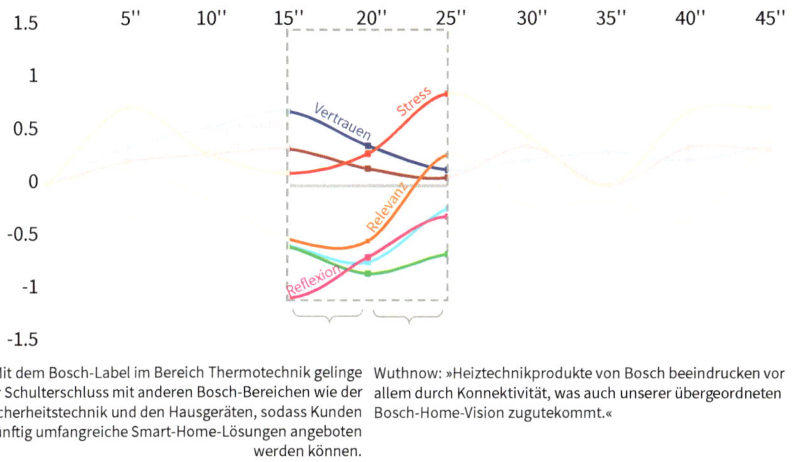

Abb. 45: eKPI zum Pressetext Junkers Brandswitch (Quelle: september Strategie & Forschung)

Die emotionale Messung zeigt, dass der Text eine kritische Stelle enthält, bei der sowohl die Relevanz als auch der Stress deutlich anstiegen, normalerweise ein Zeichen dafür, dass sich hier ein wichtiger Konflikt abbildet. Das Vertrauen nimmt hier ebenfalls deutlich ab, was in diesem Zusammenhang für ein erkanntes Risiko steht. Die gute Nachricht: Attraktion, Sympathie und Reflexion steigen – ein Indikator für Neugier.

Selbst ohne den Text zu kennen, sehen wir: Hier passiert etwas Wichtiges mit den Installateuren. Tatsächlich beschreibt der PR-Text hier die »schöne neue Welt der Zukunft«: komplette Vernetzung und Integration in die Bosch-Welt. Begriffe wie »Smart Home« und »Konnektivität« fallen. Nun sind das genau die Dinge, mit denen vor allem erfahrene Installateure fremdeln. Der radikale Wandel im Berufsbild des Installateurs wird hier von Bosch Thermotechnik mit leichtfüßiger Selbstverständlichkeit thematisiert. Kein Wunder, dass der Stress steigt. Aber da ist auch die Neugier. Denn die Fachzielgruppe weiß: Dies ist die Zukunft.

Diese Erkenntnisse untermauern die qualitativen Befunde, dass Installateure diesen Konflikt zwischen altem und neuen Berufsbild aktiv erleben und gleichzeitig nach Wegen suchen, ihn zu behandeln. Bosch Thermotechnik hat mit dem »Brandswitch« hier einen Nerv getroffen. Wie die PR-Text-Analyse zeigt, ist im Umgang mit den Installateuren allerdings Fingerspitzengefühl angeraten.

Das innere Kind im B2B-Sektor

Oft sind wir konfrontiert mit dem Klischée, dass das innere Kind in B2B-Kontexten, also im Business-to-Business-Bereich, keine Rolle spielt. Es heißt, Entscheidungen würden doch gerade im Business nach rationalen Gesichtspunkten gefällt. Die »einfachen« Entscheidungen im Endverbraucher-Bereich (B2C) können ja ruhig auf Gefühlsbasis getroffen werden. Aber im geschäftlichen Kontext? Also z. B. beim Vertrieb von Schweißgas, bei geschäftlichen Cloud-Lösungen oder bei verschreibungspflichtigen Medikamente in Arztpraxen? Da wird natürlich nur nach Preis und Leistung entschieden!

Viele B2B-Anbieter möchten bis heute nicht wahrhaben, dass das innere Kind bei ihren Kunden eine große Rolle spielt. Die allmähliche Vertreibung des Homo oeconomicus aus dem B2C-Marketing ist schon eine schwierige Aufgabe (wir erinnern uns an die dritte Kränkung der Menschheit) – um wie viel schwieriger wird sie im B2B-Marketing! Wir sehen genau an der Zielgruppe, bei der wir am wenigsten romantische Gefühle vermutet hätten, dass sich diese mit einem durch und durch emotional behafteten Berufsideal identifiziert: die Installateure. Wir sehen, dass technologischer Wandel dieses romantische Ideal erodieren zu lassen droht. Hier nützen rationale Argumente nicht viel, außer vielleicht das heftige Drehen an der Preisschraube – aber das will ja niemand. Gerade Emotionen sollen ja der Schlüssel für eine größere Wertschöpfung sein.

Und so bleibt nichts anderes übrig, als im B2B-Bereich nach den Triggern für das innere Kind zu suchen. Es lohnt sich!

7.4 Imagewerbung im internationalen Umfeld

We are flying with the Germans?

Rund um die Fußball-Europameisterschaft 2016 war der Lufthansa-Spot von Kolle Rebbe ein echter Brüller. Wir sehen darin einen Briten im Flughafen, der sich angesichts seines Rückflugs in die Heimat mit einer unfreiwilligen Umbuchung konfrontiert sieht. »We are flying with the Germans?«, so lautet die ungläubige Eröffnungszeile eines Spots, der beschreibt, wie sich unsere britischen Insel-Nachbarn einen Flug mit Deutschlands National-Airline vorstellen.

[Flughafengeräusche]

»Flight's cancelled. They rebooked us on Lufthansa.«

»Lufthansa? We're flying with the Germans?«

[Blasmusik]

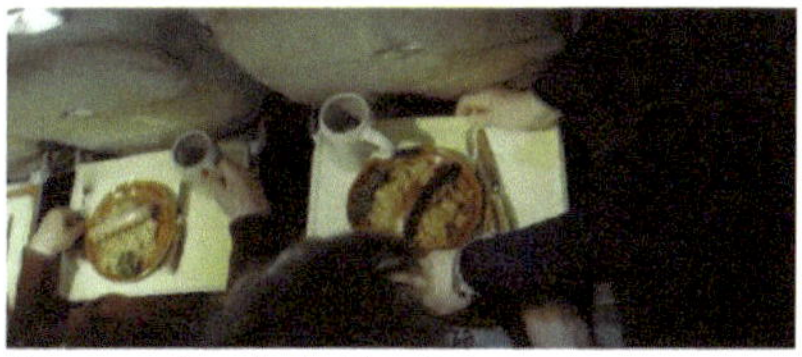

[Stewardess] *»Frühstück.«*

[Fußballkommentator] *»Jetzt hat er die Chance. Uuund Deutschland im Finale.«*

[Gong]

[Stewardess] *»Is everythingokay?«*

[Leise Blasmusik]

[Sprecher] »Cheers ... *Nonstop you. Lufthansa.«*

Abb. 46: TV-Spot »Lufthansa« (Quelle: Youtube, Lufthansa)

Die Kamera führt uns in seine Gedankenwelt und offenbart eine Klischée-Hölle aus stereotyper Sicht der Briten: ein Flug mit ruppiger Bedienung und vermutlich bayrischem Outfit, die den Gästen im Kasernenton »Frühstück« zubellt. Schnitt auf eine Kuckucksuhr. Im Hintergrund läuft Blasmusik und auf den Bildschirmen sieht man einen Rerun mit einem Tor gegen England: »Deutschland ist im Finale!« Er dreht sich um und blickt auf einen Jungen im Trikot der deutschen Nationalmannschaft, der ihm grinsend vier Finger zeigt: für jede gewonnene WM einen. Der Brite wacht auf wie aus einem Alptraum und findet sich in einer angenehmen, modernen Flugkabine wieder, in der die ganz und gar nicht klischeehafte Stewardess fragt: »Is everything okay?« Alles wäre gut, hätte sich der britische Gast nicht umgedreht. Da ist er wieder: der grinsende deutsche Junge und die vier Finger. Damit endet die Story des TV-Spots.

Das ist ein witziger Fernsehspot, ohne Frage. Das kann jeder sehen, denn hier kann man sich ein Lächeln kaum verkneifen. Was aber ist eigentlich an dem Spot so witzig? Worin besteht genau der Humor? Und wirkt der Spot im Sinne der Lufthansa? Eine qualitative Befragung mit deutschen Fernsehzuschauern hätte herausgefunden, dass man sich als Deutscher über das Klischee amüsiert, das im Spot gezeigt wird – wohlwissend, dass es schon längst nicht mehr so ist wie porträtiert. Als deutscher Zuschauer kann man sich hier vergewissern, dass wir solche nationalen Klischees hinter uns gelassen haben.

Tatsächlich aber thematisiert der Spot etwas ganz und gar politisch Unkorrektes. Etwas, das vor allem deutsche Befragte so nicht unbedingt diskutieren würden, weil es ihnen womöglich nicht einmal bewusst ist. *September* hat die emotionale Wirkung des Lufthansa-Spots mittels heart.facts® getestet, und zwar mit deutschen Zuschauern. Wenn man sich die Entwicklung des eKPI »Attraktion« genauer anschaut, fällt auf, dass sich »Attraktion« umgekehrt proportional zum Leid des Briten entwickelt. Mit anderen Worten: Deutsche freuen sich über den Alptraum des Briten. Dies ist eine etwas delikate Erkenntnis, scheint sie doch Jahrzehnte der kulturellen Annäherung zweier Kriegsgegner über den historischen Haufen zu werfen. Als der Brite aus seinem Traum aufwacht, fällt die Attraktionskurve, da er sich wohlfühlt und die »Hölle« nur eine Illusion gewesen war. Als er aber den deutschen Jungen aus seinem Alptraum wieder erblickt, der seine vier Finger hochhält, steigt die Kurve wieder.

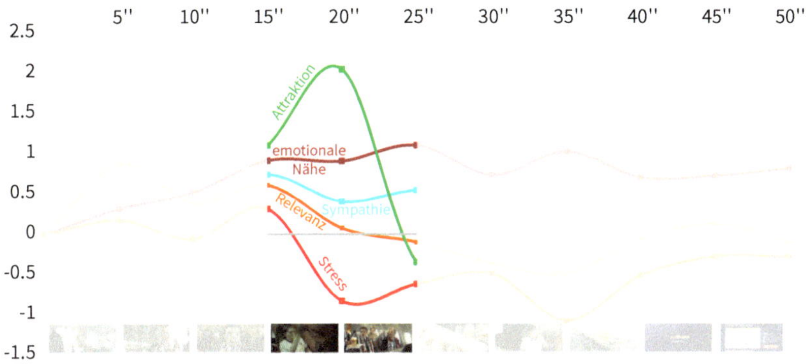

Abb. 47: eKPI zum TV-Spot »Lufthansa« (Quelle: september Strategie & Forschung)

Psychologisch zeichnet dieses Ergebnis kein schmeichelhaftes Bild von uns Deutschen. Andererseits ist genau dieses Verhältnis aus deutscher Attraktion und britischem Leid verantwortlich für das Amüsement, das deutsche Zuschauer beim Betrachten des Films empfinden. Nun ist die Emotionsmessung nur die eine Seite. Dass wir den Spot amüsant finden, während wir ihn betrachten, merken wir selbst, daran ist nichts Unbewusstes. Aber die Emotionsmessung zeigt an, wann genau die Attraktion steigt und bis zu welchem Punkt. So genau kann man das selbst, auch bei bester Introspektion, nicht sagen. Hinzu kommt, dass die *Ursache* der Emotion im Nachgang selbst nicht bestimmbar ist. Man kann nur schätzen: Lag es am witzigen Darsteller des Briten, an seiner Empörung angesichts der Umbuchung oder an der klischeehaften Darstellung unserer Kultur? Das wäre zu grob attribuiert. Tatsächlich – und ganz präzise – ist das Amüsement, das wir empfinden, nichts anderes als pure, altmodische Schadenfreude. Eine Form der kulturellen Erhöhung einer Nationalität über die andere, verpackt in ein unterhaltsames Setting. Es ist der Spekulation überlassen, wie britische Zuschauer auf diesen Spot reagieren würden.

Für Schadenfreude ist unser inneres Kind zu 100 % verantwortlich. Das ist der gleiche emotionale Reflex, den die Zuschauer bei TV-Formaten haben, in denen Menschen Missgeschicke passieren. Das »I« versucht, Schadenfreude zu unterdrücken oder zu rationalisieren, da Schadenfreude im wahrsten Sinne eine unsoziale Emotion ist, ähnlich wie Neid.

Wider den Wear-out

Interessanterweise ist der TV-Spot kein One-Hit-Wonder. Zuschauer betrachten den Spot einmal, zweimal, mehrmals – und empfinden immer wieder die gleichen Emotionen in gleicher Intensität. Das ist ein alter, mächtiger Traum aller Werbeschaffenden: dass die kommunizierte Botschaft jedes Mal genauso wirksam ist wie beim ersten Mal und nichts von ihrem Effekt einbüßt. Je näher am inneren Kind die ausgelösten Emotionen stattfinden, desto weniger sind sie Gegenstand eines Wear-out, einer Abnutzung. Botschaften, die eher das I beanspruchen und das innere Kind weniger, werden schneller als »alt« und »unspannend« empfunden. Die meisten Werbespots aus der

Finanzdienstleistungsbranche fallen unter diese Kategorie, mit Ausnahme der »Spießer-Kampagne« von LBS, die mittlerweile auch schon fast 20 Jahre alt ist – an die sich aber jeder erinnert, der sie einmal gesehen hat.

7.5 Projektion in Werbespots

Geschlechterbilder im Wandel

Man muss vorsichtig sein beim Spiel mit Klischees und Stereotypen. Wir haben gesehen, dass es Beispiele gibt, in denen der Umgang mit Vorurteilen gut gehen kann (Lufthansa) oder eben nicht (True Fruits). Wenn die Polarisierung dazu führt, dass sich ein Teil der Gesellschaft bestätigt fühlt, aber auf Kosten des anderen Teils der Gesellschaft – insbesondere wenn es um Männer- und Frauenbilder geht –, so scheiden sich gerade in Me-too-Zeiten die Geister besonders leidenschaftlich. Was früher noch als »nicht so ernst gemeint« entschuldigt werden konnte, gilt heute – zu Recht – als diskriminierend. Andererseits bieten solche Spannungen gerade für die Werbung ein reizvolles Betätigungsfeld, spiegelt Werbung doch wie sonst kaum ein Genre die Wertewelt und den Zeitgeist einer Kultur wider. Werbung, die es schafft, solche Spannungen so aufzugreifen, dass sich keiner »auf den Schlips getreten« fühlt, dürfte beides erreichen: relevant zu sein und eine breite Zielgruppe anzusprechen (ohne jemanden auszugrenzen).

Wer das innere Kind als entscheidende Zielgruppe versteht und Consumer Insights als Spannungen zwischen dem Me und dem I definiert (so wie wir), der muss sich besonders damit beschäftigen, was Stereotypen und Klischees mit den Menschen machen. Stereotypen zwingen uns automatisch in einen Zwiespalt, ein Dilemma. Das innere Kind ist ein Fan von Stereotypen und Klischees , erlauben sie doch, sich schnell ein Urteil zu bilden, ohne groß darüber nachzudenken. In vielen Fällen sind Stereotypen sinnvoll und hilfreich zur Alltagsbewältigung. Vor allem, wenn es darum geht, Erfahrungen nicht immer neu machen zu müssen. Wer einmal eine schlechte Produkterfahrung bei einem Anbieter gemacht hat, wird sich zweimal überlegen müssen, ob es sich lohnt, das Risiko erneut auf sich zu nehmen. Problematisch wird es, wenn die Verallgemeinerung unzulässig ist oder sogar ethisch bedenklich und für das I daher schwer zu akzeptieren. Das innere Kind ist kein harmloses Wesen, wie wir bei der Herleitung des Begriffes aufgezeigt haben. Das innere Kind kann auch grausam sein und menschliche Abgründe repräsentieren. Es kümmert sich wenig darum, was moralisch richtig ist und was nicht. Das ist Sache des I. Daher weiß man manchmal nicht, ob man sich angesichts eines Klischees nun empören (das Richtige tun) oder von Herzen beipflichten soll (gemäß dem Motto »Schwamm drüber«). Werbung kann diese äußerst relevanten Grauzonen aufgreifen und produktiv behandeln, so wie der Commerzbank-Spot des weiblichen DFB-Teams. Dort haben wir aber auch gesehen, dass ein Spot eine Hilfestellung für die Haltungsbildung geben kann, die dankbar angenommen werden. Haltung ist in aktuellen Zeiten ein relevantes Thema und von Marken wird Haltung gefordert.

Im nächsten Beispiel geht es um den Umgang mit Geschlechterklischees und das psychologisch konstruktive Reframing alter Rollenklischees. In einer Runde erzählt ein Mann von einer bedeutungsschwangeren Urwaldbegegnung mit einem Gorilla, der ihn zu sich winkt, mutmaßlich, um ihm etwas mitzuteilen. Bevor er weitererzählen kann, platzt die Frau an seiner Seite in die Erzählung, um von dem Kleid zu schwärmen, das sie gesehen hat. Auf einmal geht es um das Kleid und nicht mehr um den Gorilla. Der Mann ist etwas konsterniert und schweigt. Im Abbinder wird das Kleid gezeigt, »Gefunden auf Otto.de«.

[Flüstern] *»Es war magisch.«*

»Dieser Gorilla [...] er deutete auf mich und ...

...winkte mich zu sich heran.«

»Und was dann passierte, war einfach ...

»... unglaublich.«

»Oooh!«

»Der Schnitt und das Muster.«

»Wie das fiel. Dieses Kleid war vermutlich das Schönste, dass ich je ...

...gesehen habe.« [Vogelgeräusch]

[Sprecher] *»Kleid. Gefunden auf Otto.de«*

Abb. 48: TV-Spot von OTTO (Quelle: Youtube, OTTO GmbH & Co.KG)

Offensichtlich ist die Geschichte reine Fiktion, aber was die Gemüter bewegt, ist die vom Kleid schwärmende Frau. Üblicherweise reagieren Männer wie Frauen auf die Frau im Spot ähnlich: Was ist das denn für eine (Zitat) »hohle Nuss«? Wie kann sie sich erlauben, den historischen Moment zu zerstören, in dem der Gorilla dem Mann etwas Wichtiges mitteilen möchte? Und das auch noch für ein Kleid (wo auch immer das plötzlich herkommt). Die starke Abwertung der sich für das Kleid begeisternden Frau macht jede Identifikation zunichte. Wer will schon so oberflächlich sein? Sie hat wohl nicht verstanden, dass der epochale Moment zwischen Mann und Gorilla nicht gestört werden darf!

Die Emotions-Messdaten aber sprechen eine ganz andere Sprache.

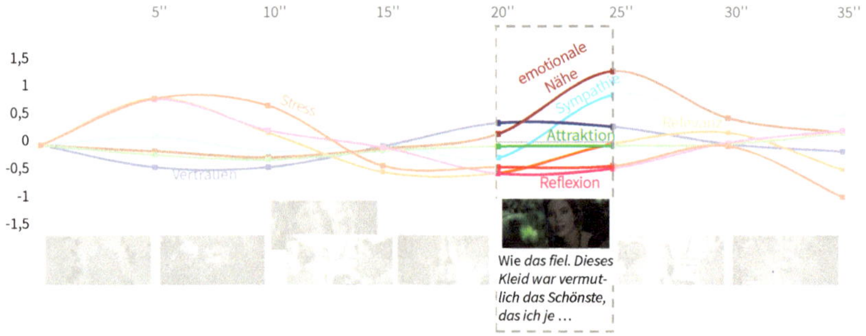

Abb. 49: eKPI zum TV-Spot von OTTO (Quelle: september Strategie & Forschung)

Im Moment des Dazwischenrufens seitens der Frau passiert etwas Unerwartetes. Statt einem Mehr an emotionaler Distanz und einem Weniger an Sympathie haben wir es hier mit einem auffälligen Peak an emotionaler Nähe und Sympathie zu tun. Mit anderen Worten: Identifikation und Projektion steigen, und man findet das Dazwischenplatzen sogar sympathisch. Wie kann das sein?

Tatsächlich fühlen sich sowohl Männer als auch Frauen in dieser Szene der Protagonistin emotional nah: Frauen, weil sie insgeheim das Selbstbewusstsein bewundern, in diesen Männermoment hineinzuspringen und die Flüsterstille mit der eigenen Agenda zu durchbrechen, egal wie wichtig der Gorilla vorher war. Die Frau im Spot kümmert sich nicht um die Wichtigtuerei des Mannes oder des Moments. Sie agiert aber nicht aus Boshaftigkeit heraus, sondern mit einer kindlichen Begeisterung. So wird ihre Durchsetzungskraft nicht als Rücksichtslosigkeit interpretiert, sondern als natürliche Spontaneität und Selbstbewusstsein: So möchte man als Frau sein! Dass sie für ein Kleid schwärmt, verstärkt noch die Identifikation mit ihr. Die traditionelle Rollenerwartung (nichts sagen, Mann ausreden lassen) ist Sache des »I«. Dieses spricht dann auch in der Befragung, wo ja selbst Frauen die Protagonistin als »hohl«, »unhöflich«

und »respektlos« bezeichneten. Aber das innere Kind feiert die Protagonistin. So stark kann die Wahrnehmung durch »I« und »Me« divergieren!

Die emotionale Nähe der Männer erklärt sich für die Männer weniger schmeichelhaft: Sie quittieren das Verhalten der Frau mit Nähe, weil diese ihre Rollenerwartung der oberflächlichen Frau mit Klamottentick bestätigt. Das »I« und das »Me« der Männer haben hier keinen Widerspruch.

Beide Reaktionen, aber vor allem die der Frauen, waren für Otto produktiv. Allerdings fehlte diesem Spot noch etwas: die Bestätigung der Frau. Zwar ist sie enthusiastisch und braucht keine »Reassurance« durch das kleine Grüppchen, aber ihr Verhalten wird nicht sichtbar belohnt, z. B. in Form einer Anerkennung von den beiden anderen Personen. Das hätte das emotionale Erleben des Spots gegen Ende wahrscheinlich noch positiv beeinflusst.

Neben dem Produktabsatz transportierte der Spot weiterhin eine Imagedimension, wenn er auch so nicht unbedingt intendiert war: Otto hatte darin eine emanzipatorische Botschaft an alle Frauen eingebaut, die das weibliche Me zuverlässig erkannt hat. Und was das Me lernt, das ist ultimativ wirksamer.

7.6 Der Impact der Medien auf die Wirkung der Inhalte

Die emotionale Tiefe flacher Bildschirme

One Size fits all – dieser Spruch ist so vielversprechend wie unsinnig. Besonders im Marketing, wo »Differenzierung« und »Segmentierung« so wichtige, weil wertschöpfende Konzepte sind. Aber One Size fits all liegt dem hartnäckigen Glauben zugrunde, dass man auf die Vielfalt der Medien (zwischen Smartphone, Tablet, Laptop und Fernseher) mit einem fürs Fernsehen gedachten und auf die verschiedenen Medien heruntergetrimmten Spot antworten kann. Hauptsache, das Bildschirmformat wird angepasst. Wer allen Ernstes propagiert, jeder Screen brauche seine eigene Bewegtbildwelt, blickt in sparsame, realitätsgegerbte Gesichter. Sicher brauchen wir verschiedene Spots für alles, aber wer bezahlt das? Und vor allem, kann man das irgendwie beweisen? Um es vorwegzunehmen: natürlich kann man.

Die Psychologie der verschiedenen Screens ist eine vergleichsweise junge Wissenschaft. Zunächst hieß es, je größer der Bildschirm, desto größer die Emotion. Das ist falsch. Jede Bildschirmgröße hat Emotion, nur eben eine andere. Große Bildschirme z. B. triggern Erlebnis und Nähe. Bilder und Ton umgeben uns völlig, und das Eintauchen in andere Welten fällt am großen Bildschirm um so vieles leichter. Die Passivität steigt, man lässt sich unterhalten. Einem schönen Spielfilm kann man am großen Bildschirm am besten folgen. Werbung ist auf dem Fernseher einerseits normal, andererseits sehr, sehr störend, weil man wirklich was tun muss, um ihr zu entgehen – nämlich aufstehen, umschalten oder aufs Smartphone schauen. Man wird aus seiner Ruhe gerissen. Hier sieht man förmlich das innere Kind vor Augen, wie es entspannt auf der Coach liegt und trotz offener Augen abschaltet und sich vom Fernseher Geschichten erzählen lässt, denn auf dem großen Bildschirm zuhause ist Raum und Zeit dafür.

Auf dem Smartphone ist die Rezeption geprägt von Intimität und kognitiver Aktivität. Man klebt förmlich am Bildschirm in Erwartung subjektiv relevanter Inhalte, gleichzeitig muss man ein Auge offenhalten für die Umwelt, da man das Smartphone überall dabeihat. Beim Smartphone trifft man unentwegt eine Entscheidung für etwas und gleichzeitig gegen den Rest des Angebots. Das macht die Erfahrung so persönlich und so relevant. Das ist zwar anstrengender als fernsehen, aber auch unheimlich stimulierend. Smartphone-Inhalte sind wie ein Stream of Consciousness, ein Gedankenstrom, der auf uns einprasselt. Der Swipe ist sinnbildlich dafür: Das innere Kind spielt mit dem Swipe spielerisch seine Neugier aus: Neugier auf Neues, Unerwartetes, Spannendes. Stimulation ist alles. Viele Entscheidungen zwar, aber einfach: will ich, will ich nicht. Eine kritische Auseinandersetzung findet so gut wie nicht statt, man lässt wenig wirklich an sich heran. Von daher ist Werbung in diesem Kontext auch nicht so störend – man ist ja gewappnet und kann sie schnell wegswipen. Man ist außerdem Störungen am Smartphone gewöhnt: Da kommt schon der Bus. Außer man möchte sich in Ruhe einen Film auf dem Smartphone anschauen, so dass man sich eigentlich im TV-Modus befindet. Vor dem Smartphone werden wir buchstäblich zu Stimulus-Response-Kreaturen mit eingeschränktem Sehfeld: Wir sitzen fast wie unter einer Käseglocke. Das überträgt sich übrigens auch auf die Inhalte. Nicht umsonst ist die Filterblase ein Phänomen der sozialen Medien, die sich fast nur auf dem Smartphone abspielen. Man mag sich vor dem Smartphone nicht so sehr mit Inhalten auseinandersetzen oder übermäßig ins Denken geraten. Es darf nicht zu fremd werden, sondern sollte grundsätzlich schön bekannt bleiben. Denken gelingt eher am Laptop.

Das Laptop ist von der Herkunft mit Arbeit assoziiert. Wer am Laptop sitzt, muss immer über die Tastatur hinweg schauen, und Tastatur heißt Denken. Am Laptop hat man daher die Erwartung, dass es jetzt für den Kortex etwas zu futtern gibt. Hier erfordert es etwas Gewöhnung, sich zu entspannen. Wer noch E-Mails schreibt, schreibt die lieber am Laptop. Überhaupt, wer hat eigentlich noch Laptops? Jüngere kaum noch (außer man braucht sie für die Ausbildung), Ältere hingegen schon noch eher. Heute noch schauen viele Filme auf dem Laptop – vor allem diejenigen, die am Bett keinen Fernseher haben. Werbung ist hier genauso störend wie am Smartphone, nur, dass man sie nicht so schnell wegswipen kann.

Das Tablet sitzt hingegen ein wenig zwischen den Stühlen. Nicht Smartphone, nicht Laptop. Aber für Bewegtbilder ist es sehr gut geeignet. Tablets ersetzen in vielen Familien die Kinderbespaßung. Auffällig häufig hat ein Tablet in einem Haushalt nämlich keinen exklusiven Besitzer; es ist oftmals für alle da. Allerdings: Wenn das Tablet von einer Person verwendet wird, dann meist zum Anschauen von Filmen oder Serien und meistens in einer sehr bequemen Situation zu Hause, typischerweise im Bett. Hier möchte man nicht gestört werden, weil man sich tief fallen lassen kann. So mancher schläft mit dem Tablet auf dem Bauch ein. In solchen Situationen ist man auch am anfälligsten für Werbung.

Und so ist der emotionale Modus beim Rezipieren auf den verschiedenen Medien stark davon beeinflusst, in welcher Umgebung man das normalerweise tut und wie störungsanfällig diese Umgebung ist. Offensichtlich ist die Störungswahrscheinlichkeit am Smartphone am höchsten. Deswegen kann man sich auf die Inhalte nie ganz einlassen. Bevor Handys mit mp3-Player auf den Markt kamen, unkten die Kritiker, dass sich das niemals durchsetzen würde, denn man möchte nicht Musik hören und dabei von einem Anruf gestört werden. Es ist wahrscheinlich, dass diese Kritiker heute nicht einmal mehr ohne Smartphone auf die Toilette gehen. Eine Arbeitsumgebung ist kennzeichnend für das Laptop, wo es häufiger zu Störungen kommt, nicht zuletzt durch neu eintreffende E-Mails. Die heimische Umgebung ist am wenigsten störungsanfällig. Deshalb ist Werbung auf Fernsehern und Tablets maximal invasiv, wenn auch auf dem Fernseher erwartet.

Würde man die Medien mit Essen vergleichen, wäre das Smartphone ein Finger-Food-Buffet, der Fernseher das Mehrgänge-Dinner, das Tablet ein Schokoladendessert und der Laptop wäre ein Mittags-Sandwich, das nicht krümelt. In der Analogie ist großes Kino auf dem Smartphone nicht wirklich ideal, auf dem Laptop sind tiefe Emotionen schwerer zu genießen als am TV, auf dem Fernseher sind Informationen fehl am Platz und fürs Tablet eignet sich laute Preiswerbung überhaupt nicht.

Die unterschiedliche Natur der Medien zeigt sich deutlich, wenn man Werbespots auf ihnen testet – per Emotionsmessung natürlich, denn so erfahren wir, wie sie »wirklich« erlebt werden. Wir haben dafür einige Werbespots auf TV, Laptop, Tablet und Smartphone untersucht, umrahmt vom Entertainment-Umfeld. Wir zeigen die drei für die vergleichende Beurteilung ihrer Wirkung relevanten eKPI Attraktion, Relevanz und Stress als Abbild der Umfeldvariable.

Auf dem Silber-Tablet

[Pferde lachen.
Voice Over: Menschengelächter.]

[Auto beim Versuch, mit Anhänger einzuparken.]

[Konstantes Pferdegelächter.]

[Anhänger fährt in den Balken hinein.
Pferdegelächter wird lauter.]

[Weiterer Versuch, einzuparken.]

[Dieser misslingt erneut.]

[Fahrer gibt auf, fährt zügig davon.]

[Schnitt auf Hand am Schalter.
Pferdegelächter stoppt abrupt.]

[Cockpit.]

[Ein neues Auto kommt und parkt.]

[Der Fahrer steigt aus; Stille.]

[Sprecher] *»Volkswagen.«*

Abb. 50: TV-Spot von VW »Einparkhilfe« (Quelle: Youtube, Volkswagen)

Der VW-Spot zur Einparkhilfe geht von der Erfahrung aus, dass jeder Autofahrer schon einmal eine Verkehrs- oder Einparksituation nicht richtig meistern konnte, während andere dabei zusehen. Das Gefühl der Scham und Peinlichkeit ist in diesem Moment kaum auszuhalten. Rückwärts mit einem Anhänger einzuparken gehört zwar zur hohen Kunst des Autofahrens und es ist keine Schande, es nicht zu können. Aber das relativiert nicht die Peinlichkeit, von anderen beim Versagen beobachtet zu werden. Der VW-Spot greift diese Erfahrung meisterlich auf, indem er das Setting aus der Menschenwelt in die Pferdewelt holt. Weil der Fahrer den Anhänger nicht einparken kann, lachen sich die Pferde auf der Koppel halbtot. Das innere Kind erkennt sofort, um was es da geht: Der bemitleidenswerte Fahrer da, das bin ich! Nur über die Identifikation mit dem Fahrer entfaltet der Spot emotionale Power und die Lösung (der Assistent) wird attraktiv. Das I ist damit okay, da es sich immer sagen kann: Es sind ja nur Pferde. Diese Verfremdung erlaubt dem I, dem Me die Identifikation zu erlauben. Wären dies lachende Menschen, würde das I aus Entrüstung sofort umschalten, denn dann wäre die peinliche Situation zu nah an einem selbst. Mehr noch: VW verleiht den Pferden doch tatsächlich eine Menschenlache, was die Situation noch verschärft. Aber es sind Pferde, und das ist der Unterschied! Die Fassade für das I hält. Die Mechanik der Verfremdung ist übrigens eine der vielen Techniken in der Werbung, die zuverlässig immer wieder wirken.

Abgesehen davon, dass der Spot ein Musterbeispiel für eine psychologisch wirksame Kommunikation ist, geht es hier um die Wirkung auf verschiedenen Medien. Ist er überall so wirksam? Das haben wir mittels heart.facts® analysiert.

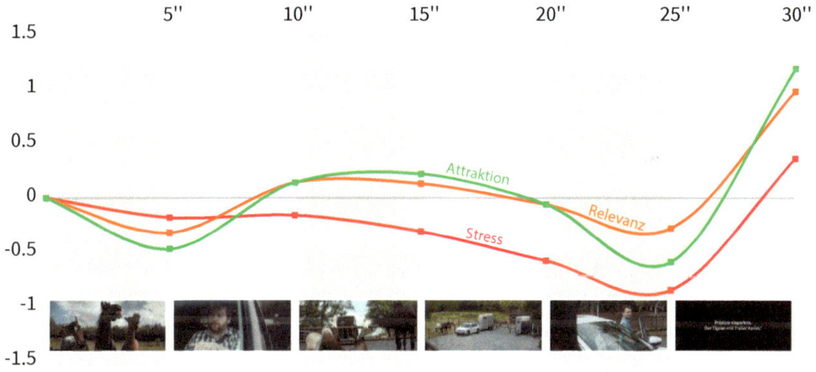

Abb. 51: eKPI zum TV-Spot von VW »Einparkhilfe«: Rezeption auf dem Tablet (Quelle: september Strategie & Forschung)

Rezeption auf dem Tablet

Auf dem intimen Tablet funktioniert der Spot vor allem gegen Ende hervorragend. Hier ist man »geschützt« und kann sich auf die psychisch herausfordernde Versagensszene auf dem »Silbertablett« einlassen, was bedeutet, dass man mitleidet. Nach anfänglicher Orientierung (warum lachen die Pferde?) steigt die Attraktion und die Relevanz, weil man sich mit der Situation identifiziert (sie als relevant erachtet) und den Humor anziehend findet. Natürlich steigen Attraktion und Relevanz nicht ganz so stark, weil die Zuschauer auch ständig die Perspektive des glücklosen Fahrers einnehmen. Man weiß auch schlicht nicht, um welche Lösung es geht – man ist noch ganz damit beschäftigt, Zeuge der emotional schwierigen Situation zu sein. Das wichtige in diesem Spot passiert gegen Ende, bei der Produktpräsentation: Als die Lösung von VW benannt wird, steigen Relevanz und Attraktion sehr stark an. Gleichzeitig löst sich die zuvor empfundene Entspannung auf, der Stress wird ganz leicht positiv, was für eine gelungene Informationsverarbeitung und einen guten Call-to-Action konstruktiv zu bewerten ist.

Der gleiche Spot auf dem Laptop wirkt völlig anders.

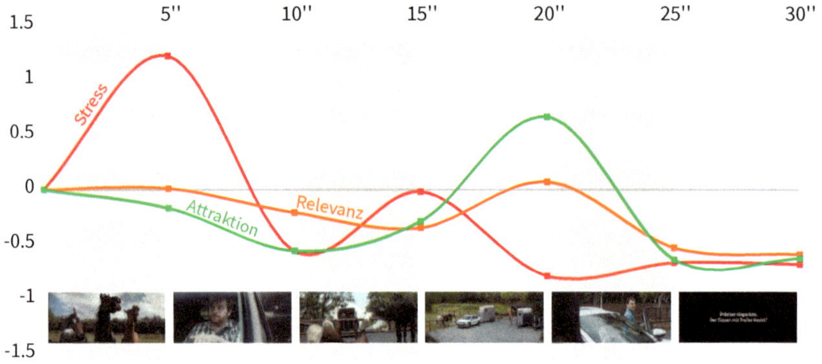

Abb. 52: eKPI zum TV-Spot von VW »Einparkhilfe«: Rezeption auf dem Laptop (Quelle: september Strategie & Forschung)

Rezeption auf dem Laptop

Auf dem Laptop fehlt die emotionale, positive Grundhaltung der Tablet-Rezeption. Man ist am Laptop größeren Emotionen gegenüber zunächst schutzlos, denn man ist auf die sachlichere, nüchterne Sicht der Dinge eingestellt. Die »Pferdelache« irritiert schon zu Beginn massiv, was den Stress deutlich ansteigen lässt. Der Stress löst sich zwar, als klar wird, worüber die Pferde »lachen«, aber man identifiziert sich nicht mit dem Schmerz des Fahrers – die Relevanz bleibt neutral bis negativ. Nur die Szene vom eleganten Einparken des zweiten Autos ist attraktiv. Hier handelt es sich allerdings eher um ein Gutfinden der geschmeidigen Inszenierung und weniger um ein Gutfinden aus persönlichen Gründen. Dafür ist die Relevanz viel zu gering. Am Schluss bleibt auch nichts vom Spot übrig; Relevanz und Attraktion sind im tiefnegativen Bereich. Die hohe Entspannung signalisiert »Nichts für mich«. Mit anderen Worten: Man lässt das Dilemma des Fahrers überhaupt nicht an sich heran. Wie kann die Lösung dann dauerhaft interessieren?

Steht man nun vor der Wahl, ob man aus dem TV-Spot, der auf dem Tablet (und übrigens auch auf dem emotional ähnlichen Fernseher) recht gut, vor allem wegen des Endes, funktioniert, aber auf dem Laptop (und ganz ähnlich auf dem Smartphone) nicht, dann ist zu überlegen, ob man das Thema des Einparkens nicht auf zweierlei Weise kreativ verarbeitet.

Bunte Congstar-Welt

Congstar wirbt schon sehr lange mit bunt eingefärbten realen Szenen vor schwarzem Hintergrund. Was die Wiedererkennung angeht, gibt es wohl kaum eine andere Marke, die Congstar das Wasser reichen kann. Andererseits: Wie steht es um die emotionale Wirkung? Betrachten wir exemplarisch einen TV-Spot, den wir auf dem Fernseher und dem Smartphone mit Verbrauchern per heart.facts® getestet haben. Dazu haben wir wie immer Messungen vorgenommen und Interviews durchgeführt.

[Mann liefert Torte aus, steigt Treppen hinauf.]

[Beim Klingeln…]

[…fällt ihm die Torte durchs Treppenhaus auf den Boden.]

[Eine Frau öffnet die Tür; Partygeräusche]

»Moment!«

[Lasziver Tanz; Musik.]

[Sprecher]*»So schnell kann's gehen!«*

»Unsere Allnet-Flat gibt's jetzt mit doppelter Geschwindigkeit…

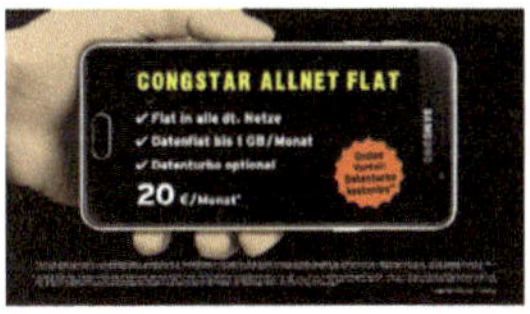

…und doppeltem Datenvolumen. Jetzt online buchen. Ganz neu sogar mit 2 Gigabyte für 20 Euro in bester D-Netz-Qualität.«

»Auf Congstar.de«

» Hol dir jetzt die Allnetflat mit dem Samsung Galaxy A5 zum Aktionspreis.«

Abb. 53: TV-Spot von Congstar (Quelle: Youtube, Congstar)

Dieser Spot ist ein Abverkaufsspot mit einer kleinen einführenden Bildergeschichte. Ein Lieferant verliert die Torte für den Geburtstag und lässt sich eine kleine Dance-Nummer einfallen, die er sich vorher auf dem Smartphone aus dem Netz gezogen hat – in Windeseile natürlich. Die Notlösung wirkt, das Geburtstagskind zieht ihn zusammen mit ein paar anderen weiblichen Gästen in die Wohnung, und der Rest bleibt der Fantasie überlassen. Am Schluss gibt es noch eine Menge Informationen über die Allnet-Flat mit doppelter Geschwindigkeit (20 Euro) und als Zusatzangebot ein Samsung Galaxy A5.

Natürlich ist die emotionale Tiefe des Spots ganz anders angelegt als bei dem VW-Spot. Aber im Handykontext und für die jüngere Zielgruppe ist das durchaus produktiv. Wie produktiv, zeigt sich im Medienvergleich. Der Spot funktioniert relativ gut auf dem Smartphone. »Ist ja kein Wunder, dass der auf dem Smartphone gut funktioniert, es ist ja ein Handyspot«, hört man den Leser förmlich denken. Aber das ist zu einfach. Dann müssten Spots für Fernseher auf dem Fernseher besser funktionieren und Radiospots für Autos müssten im Auto besser funktionieren. Vielmehr ist es so, dass die *Machart* des Spots zur Smartphone-Rezeption passt. Und Spots für Allnet-Flats sind von ihrer angelegten Atmosphäre her wahrscheinlich keine ausgedehnten Seelenspaziergänge, sondern schnelle, dynamische Storys, was tatsächlich besser zum Konsum auf dem Smartphone passt als zum TV-Konsum.

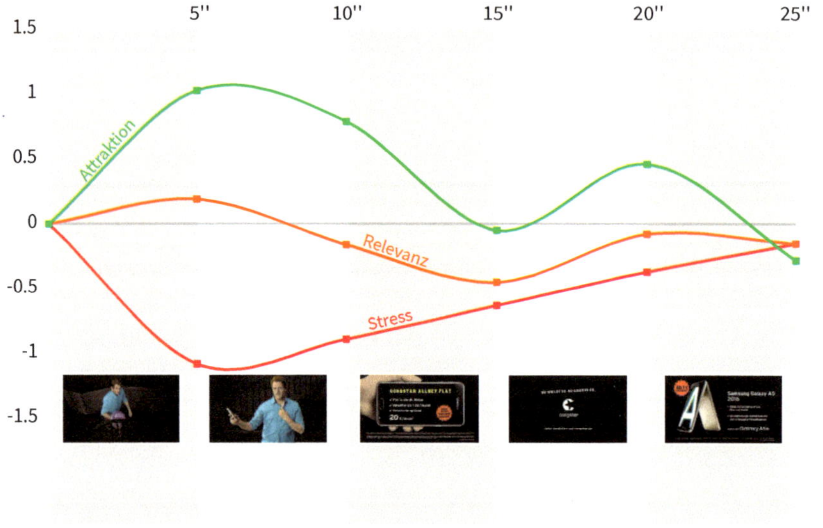

Abb. 54: eKPI zum TV-Spot von Congstar: Rezeption auf dem Smartphone (Quelle: september Strategie & Forschung)

Rezeption auf dem Smartphone

Der Spot entwickelt eine hohe Attraktion mit zwei auffälligen Peaks. Der erste Peak zeigt sich bei der kleinen Geschichte. Der Lieferant stellt sich clever an, die Party fühlt sich einladend an, da möchte man glatt mitmachen. Allerdings sinkt die Attraktion schlagartig, als das Angebot ausgerollt wird. Dies sind zu viele Informationen, und die anfängliche Tiefenentspannung löst sich zunehmend auf (obwohl Stress stets negativ bleibt). Allerdings schlägt die Attraktion ein zweites Mal aus, wenn auch nicht so hoch, und zwar anlässlich des zuletzt genannten attraktiven Preises von 20 Euro für 2 GB pro Monat, dicht gefolgt vom Congstar-Screen. Die Relevanz, die ein Handytarif entfaltet, hält sich jedoch in Grenzen. Die gute Nachricht: Sie erholt sich beim Angebot etwas und steigt parallel zur Attraktion (auch wenn sie negativ bleibt). Hier hätte man optimieren können, um die Relevanz noch weiter anzuheben. Allerdings verpufft die Wirkung des Angebots, als Congstar noch einmal anhebt, ein Handy anzupreisen – wie ein hartnäckiger Gesprächspartner am Telefon, der nach dem Tschüss noch mehr sagen möchte. Die Ungeduld ob des insgesamt zu langen Formats zeigt sich deutlich in den eKPI. Hätte Congstar nach 20 Sekunden Schluss gemacht, es wäre ein zumindest akzeptabler Spot geworden, wenn auch mit Relevanzschwächen.

Das Smartphone verzeiht Langatmigkeit nicht. Aber bis zu Sekunde 20 wirkt der Spot noch okay. Unter anderem, weil man am Handy die Störung durch Werbung annehmbar toleriert. Werbung auf dem Smartphone ist kein Eindringling, sondern Teil der Experience – auch wenn das noch lange nicht heißt, dass man das will. Man toleriert es aber besser als auf anderen Geräten wie z. B. dem Fernseher. Außerdem ist die kleine Geschichte bis zur 20. Sekunde kurzweilig und das Angebot ist alles in allem auf den Punkt. Der Fehler liegt hier eindeutig in der Länge und der daraus entstandenen Komplexität der Informationen.

Auf dem Fernseher sieht das alles ganz anders aus.

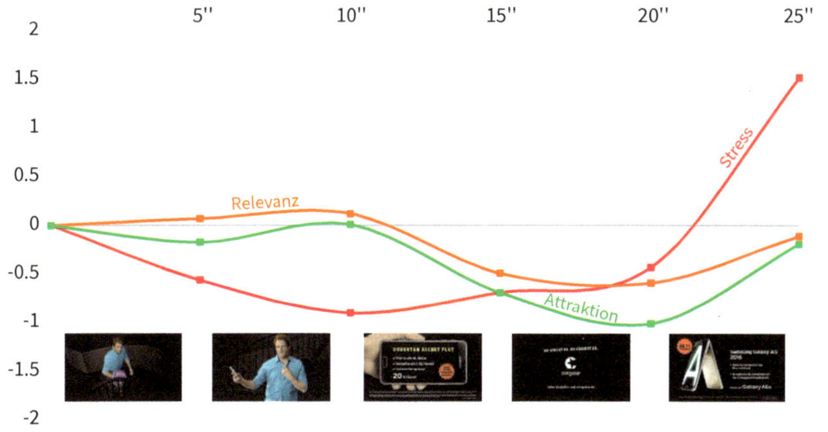

Abb. 55: eKPI zum TV-Spot von Congstar: Rezeption vor dem Fernseher (Quelle: september Strategie & Forschung)

Rezeption am TV

Bei der Rezeption am TV sieht man, dass Länge nicht das Problem ist. Im Gegenteil: Hier hat man am Schluss gerade angefangen, sich mit dem Angebot zu beschäftigen. Bis zur 20. Sekunde, also zu dem Zeitpunkt, in dem der Smartphone-Nutzer anfängt, die Geduld zu verlieren, performt der Spot auffallend schlecht.

Es scheint, als ob der Nutzer am Smartphone das Geschehen direkter wahrnimmt und schneller auf sich bezieht als am Fernseher, d. h. auch schneller Relevanz empfindet, wo Relevanz ist: weil Smartphone-Inhalte in der Regel direkt etwas mit dem Nutzer zu tun haben – seien es eigene Bilder, eigene Messages, die Facebook-Timeline u. v. m. Der Fernseher hat eine Nachricht für alle, so dass sich Botschaften mit Relevanz etwas schwerer tun als auf dem Smartphone. Umso erstaunlicher ist die sichtbare Aufwärtsbewegung der Attraktion, der Relevanz und des Stresses. In den Interviews wird deutlich, dass die Fernsehzuschauer die kleine Geschichte zu Anfang zur Kenntnis genommen, sie aber noch nicht wirklich auf sich bezogen haben. Am Fernseher bezieht man Storys nicht direkt auf sich, man genießt sie passiv als Unterhaltung und sucht nicht gleich nach Identifikation. Erst nach einer kurzen Weile wacht man auf, die Botschaft »sickert« durch die Schichten der Wahrnehmung, und als das Greifbarste an dem Tarif, das Smartphone, aufpoppt, springt der Haben-Wollen-Apparat, also das innere Kind, endlich an. Mit anderen Worten: Um Produkte abzuverkaufen, muss das innere Kind am Fernseher gleich einen Aufhänger angeboten bekommen, um sich ernsthaft zu interessieren. Denn sonst wird alles passiv abgenickt, ohne sich damit zu beschäftigen. Abverkauf ist am Fernseher offenbar schwerer als am Smartphone.

Marken fördern ihren Mythos am besten im TV

Der Vergleich der Markenwirkung über alle vier Medien fällt ernüchternd klar aus. Alle diesem Test unterzogenen Marken wurden darauf untersucht, was an emotionaler Markenwirkung an ihnen »hängenbleibt«. Dazu werden die Logos der Marken (unter der Voraussetzung, dass man die Logos und Marken kennt) vor und nach dem Werbemittel gezeigt, um die emotionale Reaktion auf sie zu messen. Wir behaupten nicht, dass die Marken fortan so viel anders wirken als vorher. Aber dieser emotionale Shift gibt einen Hinweis, in welche Richtung ein Werbemittel eine Marke potenziell beeinflussen kann. Immerhin braucht es lange und viele Kontakte, bis sich eine Marke bewegt. Übrigens ist der crossmediale Markenkontakt besonders fruchtbar, um Marken in den Köpfen (oder vielmehr: in den inneren Matroschkapuppen) der Konsumenten zu verankern. Der emotionale Shift von Marken mit dem gleichen Spot auf verschiedenen Medien ist jedoch eindeutig größer bei dem Medium Fernsehen.

Vorsicht: Das bedeutet nicht, dass Marken am Fernseher besser verkaufen. Verbraucher sind nur am Fernsehen für emotionale Botschaften empfänglicher. Wir haben die Shifts pro Medium einmal über alle getesteten Marken mit heart.facts® gemessen.

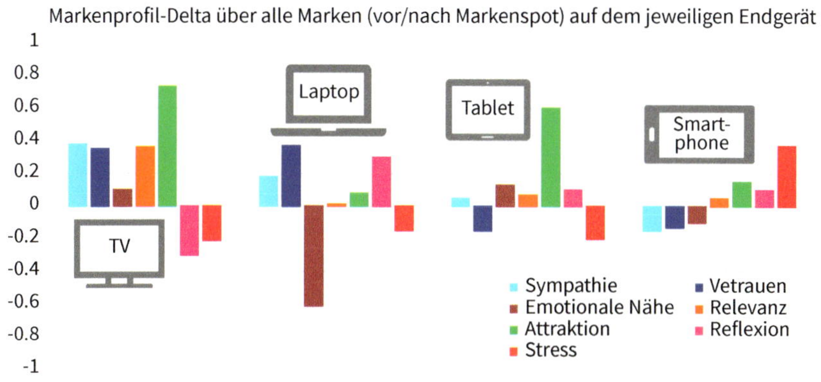

Abb. 56: Vergleich des emotionalen Impacts auf den Medien (Quelle: september Strategie & Forschung)

Wir sehen, dass der emotionale Shift beim TV viel intensiver ausfällt als bei den anderen Medien. Insbesondere der eKPI Attraktion verzeichnet den größten Zuwachs, d.h. Fernsehen ist am besten in der Lage, Marken im Wortsinn attraktiver zu machen. Das Medium mit der zweithöchsten Attraktivitätskraft ist das Tablet. Wer genauer hinsieht, merkt, dass sowohl das Tablet als auch das TV emotionale Nähe befördern. Dies zwar nur sehr verhalten, aber im Vergleich zum Laptop (Distanzschaffer) ist das viel. Laptop und TV triggern Vertrauen, d.h. dort rezipierte Marken profitieren von einem eingebauten Vertrauen in die Medien: Ein Laptop hat immer noch ein Business-Image (Daten, Fakten, Arbeit) und mit TV ist man aufgewachsen. TV färbt auf Marken als einziges Medium Relevanz ab. Das unterstreicht den ehrwürdigen gelernten Status als *das* Markenhabitat. Nicht überraschend ist der hohe Stress, der auf Marken im Smartphone entfällt. Das Smartphone ist ja das »stressigste« Medium von den vieren.

Offensichtlich hat jedes Medium seine eigene Natur und unterliegt eigenen psychologischen Gesetzmäßigkeiten. Je früher man sich darauf einstellt, desto besser. One Size fits all ist traurige Vergangenheit, das wissen wir jetzt.

Summary zu Kapitel 7 !

Stimuli im Vorstadium, also keine fertigen Spots, Anzeigen usw. sind beispielsweise Verbalkonzepte, Treatments, Scribbles, Dummies und dergleichen. In ihnen ist das Risiko der Ablehnung durch das I quasi eingebaut. Das innere Kind sieht leicht durch die (vom I als »Störung« empfundenen) Unzulänglichkeiten und Unperfektionen hindurch, kommt in der Marktforschung aber kaum zu Wort. Der Commerzbank-Spot über das weibliche DFB-Team beweist, dass heart.facts® sich besonders für diese »unfertigen« Stimuli eignet. Durch die Messung unbewusster Emotionen konnte u.a. eine provokante Stelle identifiziert werden, die auf Me-Ebene begeisterte, aber vom I zu Ablehnung geführt hat. Stattdessen wurde durch *september* eine spezifische kreative Ausgestaltung empfohlen, um die Empörung des I zu kanalisieren.

Das Beispiel des Funkspots für Rotkäppchen Alkoholfrei illustriert die Wirksamkeit innerer Bilder. Zu den im Spot genannten Sekt-Anlässen kreiert das Me des Hörers Bilder von eigenen Feieranlässen, was im emotionalen Markenprofil alle relevanten eKPI, insbesondere aber die emotionale Nähe, steigen ließ – ein Zeichen intensiver persönlicher Identifikation und Hinweis auf die hohe psychologische Wirksamkeit der Story.
Das Beispiel von Bosch Thermotechnik illustriert überraschend anhand von Installateuren, wie stark auch der Business-to-Business-Sektor von Emotionen dominiert wird. Installateure pflegen das ideale Selbstbild des archetypischen Ritters, der frierende Burgfräulein vor der Kälte rettet. Dagegen sind vor allem ältere Installateure skeptisch gegenüber der wachsenden Digitalisierung ihres Berufs, ein technisch geprägtes Gegenbild zum romantischen Ideal. Bosch erwog eine Umbenennung der Traditionsmarke Junkers hin zu Bosch. Durch die Studie mit *september* wurde klar, dass Junkers das analoge Idealbild verkörperte, während Bosch für die skeptisch gesehene Digitalzukunft steht. Die Umbenennungsmaßnahme wurde daraufhin angepasst.
Der Lufthansa-Spot »We are flying with the Germans« spiegelt uralte Me-Klischees im Verhältnis zwischen Deutschen und Briten wider. Ein britischer Fußballfan muss mit der Lufthansa nach Hause fliegen und stellt sich den Flug als germanischen Albtraum vor. Heart.facts® zeigt, dass deutsche Zuschauerinnen und Zuschauer umso größeren Gefallen (Schadenfreude) an der Geschichte finden, je schlechter es dem Briten geht – eine Me-Emotion, die man sich in einer Interviewsituation weder bewusst gemacht noch zugegeben hätte. Elementar dabei ist jedoch, dass der Spot für das I stets korrekt abläuft, handelt es sich letztlich doch nur um einen Traum des Briten.
Im Beispiel des OTTO-Spots hilft heart.facts® zu verstehen, wie ein TV-Spot erfolgreich Geschlechterklischees behandelt, ohne die Geschlechter gegen das Unternehmen aufzubringen. Hier wird das Stereotyp einer oberflächlichen, nur an Mode interessierten Frau inszeniert, die bei den Befragten entsprechend negativ ankommt. Die Emotionsmessung zeigt aber, dass diese Frau sowohl bei Frauen als auch Männern eine hohe emotionale Nähe auslöst, was für eine Identifikation mit ihr spricht. Die Tiefeninterviews offenbaren, dass Frauen insgeheim ein Vorbild in ihr sehen, weil sie sich im Spot nicht um die (ebenfalls klischeehafte) Wichtigtuerei des Mannes schert und ihre eigene Agenda durchsetzt. Männer reagieren mit positiven Emotionen, weil die Frau ihrem stereotypen Bild entspricht und sie sich bestätigt fühlen. Trotz positiver Emotionen zeigt die Messung, dass gegen Ende eine versöhnliche Geste im Spot fehlt.
Mittels heart.facts® wurde die unterschiedliche Werbewirkung von Bewegtbildern auf verschiedenen Endgeräten (Laptop, TV, Smartphone, Tablet) nachgewiesen. So passen stimmungsvolle, erzählerische Spots besser auf den Fernseher und das Tablet, lassen aber auf Laptop und Smartphone zu wünschen übrig, weil man sich dort nicht auf die Emotionen einlassen möchte. Umgekehrt funktionieren informationsreiche Spots mit geringer emotionaler Tiefe (dafür aber hohem Unterhaltungswert) auf Smartphone und Laptops besser, solange die Informationsdichte zu den Angeboten nicht überhand nimmt und der Spot nicht zu lang wird. Die gemessene emotionale Markenwirkung von Spots unterstreicht die Bedeutung des Fernsehens, denn hier verändern sich Marken deutlicher über alle Spots hinweg. Sicherlich ist die Offenheit der Zuschauer für Markenbotschaften am TV am höchsten – was aber nicht heißt, dass Marken am TV besser verkaufen.

Ausblick: Die richtigen Fragen stellen

Fragen stellen, die den Unterschied machen

Wir werden oft von Studentinnen und Studenten gefragt, was man mitbringen muss, um ein guter Marktforscher zu werden. Da gibt es die übliche und die unübliche Antwort. Die übliche lautet: fleißig studieren, neugierig bleiben, viele Fachgebiete im Auge behalten. Denn Marktforschung ist heute alles: Statistik, Psychologie, Psychophysiologie, Künstliche Intelligenz und Big Data. Deshalb heißt Marktforschung auch oft gar nicht mehr Marktforschung, sondern Consumer Insights, Consumer Intelligence, Data Analysis usw. Das Verhalten des Menschen und seine inneren Vorgänge zu verstehen beginnt beim Beobachten, Messen, Befragen. Darauf konzentriert sich meist die übliche Antwort auf die Frage, was ein Marktforscher mitbringen muss.

Die unübliche Antwort auf die Frage thematisiert allerdings weniger die Ausbildung und die Kenntnisse als vielmehr das, was im Kopf des Marktforschers passiert. Um Menschen zu verstehen, muss man sich selbst verstehen. Denn wer sich nicht kennt, weiß nicht, wie er andere Menschen einordnen muss. Neben Empathie und Toleranz ist aber noch eine weitere Qualifikation unabdingbar. Ein Marktforscher muss in der Lage sein, sich widersprechende Theorien gleichzeitig zu betrachten. Er muss konflikttolerant sein. Denn wenn wir immer nur fragen: »Was will der Mensch?«, dann impliziert die Frage schon, dass es nur eine Antwort gibt. Es gibt aber immer mindestens zwei, wie wir in diesem Buch dargelegt haben. Und diese verschiedenen Bedürfnisse oder Ziele des Menschen widersprechen sich häufig. So kann es sein, dass die Daten aus der tiefenpsychologischen Befragung auf den ersten Blick kein stimmiges Bild ergeben und nicht zu den emotionalen KPI, die gemessen wurden, passen. Welchen Pfad verfolgt man in der Analyse? Was ist jetzt richtig und was ist falsch? Die Antwort ist: Ja. Zwei sich ausschließende Theorien gleichzeitig zu betrachten und zu verbinden, ist häufig Anlass für ein »Heureka«! Indem wir die Dr.-Jekyll-und-Mr.-Hyde-Geschichte ins Marketing tragen und von Me und I sprechen, sind auf einmal Konflikte nicht mehr rätselhaft, sondern im Gegenteil besonders produktiv.

Von einem Ausblick erwarten die Leserinnen und Leser eine Übersicht der zu erwartenden Entwicklungen in der Marktforschung. In den meisten Fällen geht es dabei um technologische oder mediale Trends. Aber aus unserer Sicht ist es wichtiger zu diskutieren, was wir mit der wachsenden Auswahl an Tools und Möglichkeiten machen wollen. Hier heißt es Fokus! Denn zu oft erinnern Briefings an die Geschichte vom Betrunkenen, der unter der Lampe nach seinem Schlüssel suchte, weil er dort besser sehen kann. Wir brauchen Fokus nicht auf das, was wir kennen oder erwarten, sondern Fokus auf das, was wir eigentlich wissen wollen. Am Anfang jeder Antwort steht die richtige Frage und nicht das richtige Tool oder die richtige Befragung. Das hat Coca-Cola schmerzlich bei der New Coke erfahren, weil man die soziale Reaktion auf die Einführung vernachlässigt hat.

Weinende Kinder können sehr überzeugend sein

Eine Kita in Bielefeld hat aus erster Hand erfahren, dass man die richtigen Fragen stellen muss, und zwar gleich zu Anfang. Das Problem: Die Eltern holten ihre Kinder immer später ab, zu Lasten des ohnehin schon gebeutelten Personals, das pünktlich nach Hause wollte. Nach vielen Ermahnungen, Elternbriefen und Diskussionen wollte die Kitaleitung das nicht mehr hinnehmen. Das Management beschloss, fortan Geldstrafen einzuführen. Die Frage war nun: in welcher Höhe? Dies wurde intern diskutiert, beschlossen und mittels einer Befragung der Eltern abgesegnet. Die Eltern waren auf der Mitgliederversammlung natürlich alle dafür, empfindliche Strafen einzuführen. Denn man selbst zählte sich ja nicht zu den Delinquenten. Sicher, mal war man zu spät. Aber das war ja nicht die Regel! Ein wahres I-Fest. Man versicherte sich gegenseitig, dass die Strafen nötig seien zur Aufrechterhaltung der Disziplin und zum Wohle der Kita-Betreuerinnen und Betreuer.

Für Verspätungen bis zu einer Viertelstunde waren nun 5 Euro zu zahlen. Zwischen einer Viertelstunde und einer halben Stunde waren es schon 10 Euro und für Verspätungen bis zu einer Stunde sollten 50 Euro fällig werden. Das wird die Eltern erziehen, dachte sich das Kita-Management.

Was passierte? Die Eltern änderten ihr Verhalten überhaupt nicht. Wenn es überhaupt eine Verhaltensänderung gab, nahm die verspätete Abholung zu. So war das nicht geplant. Aber es macht Sinn: Das innere Kind der Eltern ist chronisch unpünktlich: Die Präsentation musste noch fertig werden, der Verkehr war mörderisch (dabei war man zu spät losgefahren) u. v. m. Aber das schlechte Gewissen des I konnte nun bequem durch einen Obolus abgegolten werden. Man bezahlte nun die Betreuungsleistung und musste sein Abhol-Verhalten weder ändern noch rechtfertigen. Es gab also noch nicht einmal mehr ein »Entschuldigung« an die wartenden Betreuer. Unerwartet kam auf diese Art und Weise eine Menge Geld zusammen. Das Betreuungspersonal wurde aber unzufriedener und ungeduldiger.

Die Elternbefragung vor Einführung der »Geldstrafen« orientierte sich nicht am Me der Eltern, sondern am I. Es war die falsche Frage, wissen zu wollen, wie viel Geld als Strafe statthaft war. Die richtige Frage wäre gewesen: Welche Maßnahmen sind am wirksamsten? Dann hätte man vielleicht herausgefunden, dass Geld das unerwünschte Verhalten ins Gegenteil verkehrt hätte. Aber was hätte geholfen?

Mit ein bisschen Zynismus könnte man vorschlagen, dass das Betreuungspersonal den Kindern subtil kommuniziert, die Eltern hätten sie offenbar nicht lieb, wenn sie sie so spät abholen. Dann wäre bei den Spätabholern der Teufel los, und die Eltern hätten ein wirksames, für die Kita kostenloses Incentive, die Kinder überpünktlich abzuholen. Aber das wäre gemein von der Kita, nicht wahr?

Wie im Beispiel zu sehen ist: Wir haben häufig Grundannahmen darüber, wie die Menschen ticken, aber diese Annahmen sind nicht unbedingt richtig. Daher müssen wir immer einen Schritt zurückgehen und überlegen: Was will das innere Kind? Und erst dann: Was will das I? Erst »Doing the right things« und dann »Doing things right«.

Der Schlüssel zur besseren Welt

Man darf unser Buch verstehen als Aufruf, nicht nur mehr auf das innere Kind zu achten, sondern es radikal in das Zentrum der Marketingbemühungen zu stellen. Und dies nicht nur in der Forschung, sondern vor allem in der Markengestaltung und Markenstrategie. Marken müssen Verbraucher berühren, um relevant zu sein, und nicht nur ihr I ansprechen. Die nachwachsende Generation Z erwartet dies sogar explizit. Und es ist naheliegend, das auch für die Generation Alpha[47] anzunehmen. Marken sind für diese Generationen nicht die Ikonen, die sie für die älteren Generationen vielleicht darstellen, sondern sie sind Teil einer unfassbar dynamischen Erlebniswelt (gespeist aus Social Media), Teil von fundamentalen sozialen Umbrüchen, Teil einer Verschiebung der geopolitischen Achse und Teil des Klimawandels. Es ist eine von vielen geteilte Annahme, dass die Welt zu keinem Zeitpunkt seit Kriegsende einen fundamentaleren Wandel durchgemacht hat als der, der uns bevorsteht. Und die Generationen Z und Alpha sind mittendrin. Generationen erfahren ihre größte Prägung nicht zu ihrer Geburt, sondern wenn sie zwischen 16 und 24 Jahren alt sind. Das definiert einen Menschen für das ganze Leben. Diese I-Schichten gehen mit Sicherheit in das innere Kind über. Die Generation Z, aber auch schon Generation Alpha, nehmen als aktuell prägendes Ereignis den Lockdown mit, inklusive der psychologischen Auswirkungen, die wir derzeit ja noch gar nicht kennen. Aber es lohnt sich, gedanklich durchzuspielen, wie der Lockdown und überhaupt die ganze Pandemie das zukünftige Denken und Handeln der neuen Generationen beeinflussen wird. Möglicherweise werden sie anders an das Konzept der Lebensplanung herangehen. Denn wenn sie eins gelernt haben: Man kann sich nicht darauf verlassen, dass die Dinge so bleiben, wie sie sind. Möglicherweise werden sie auch Beziehungen anders erleben, vielleicht freiheitlicher oder etwas ungebundener. Andererseits: Wer die Unsicherheit der Pandemie erlebt, wird sich vielleicht noch fester binden wollen. Wir merken, Voraussagen sind wirklich schwer zu treffen.

47 Die Generation Z ist in den Jahren 1995 bis 2010 geboren. Die Generation Alpha bezeichnet die Nachfolgegeneration der zwischen 2010 und 2020 Geborenen.

Wie auch immer die Zukunft aussieht, gerade jetzt wäre es schön, würden Menschen ihr Innerstes besser verstehen und vor allem ihr inneres Kind akzeptieren, anstatt es zu missachten oder gar zu verleugnen. Dann könnten sie auch entspannter miteinander umgehen. Expertinnen und Experten gehen davon aus, dass soziale Medien die Polarisierung der Gesellschaft vorantreiben. Sie tun dies, indem sie durch Filterblasen dazu beitragen, dass die Menschen immer weniger tolerant gegenüber anderen »Wirklichkeiten« werden. Wie die Netflix-Dokumentation »Das Dilemma mit den sozialen Medien« darlegt, ist dieses Risiko äußerst real. Die Corona-Krise hat dieses Problem sogar noch gravierender gemacht. Intoleranz und Egoismus sind nämlich, so schwer das fällt, das Produkt des inneren Kindes, das vom I zu wenig an die Kandare genommen wird. War das Mittelalter fest im Griff des Aberglaubens und der kindlichen Erklärungsmuster, so sind wir gerade jetzt darauf angewiesen, unser I mehr einzusetzen. Wer darum weiß und öfter eine kritische Distanz zu seinem eigenen inneren Dialog zwischen Me und I einnimmt, schafft Räume für Verstehen und Empathie.

Wir finden, dass es nötig ist, den Blick über den Horizont der Markenwelt zu heben und auch über die großen Themen nachzudenken. Das innere Kind ist der Schlüssel dazu, nicht nur besseres Marketing zu machen, sondern auch – vielleicht – eine bessere Welt.

Die dritte Kränkung, sie ist noch längst nicht überwunden.

Abbildungsverzeichnis

Literaturverzeichnis

Aaker, Jenifer L. (1997): Dimensions of Brand Personality. In: *Journal of Marketing Research*, 34, S. 347-356.

Ariely, Dan (2015): Denken hilft zwar, nützt aber nichts: Warum wir immer wieder unvernünftige Entscheidungen treffen. München: Droemer Knaur.

Berlyne, Daniel (1960): Conflict, Arousal, and Curiosity, McGraw-Hill Series in Psychology.

Damasio, António Rosa (1994): Descartes' Error: Emotion, Reason, and the Human Brain. New York: Avon Books.

Damasio, António Rosa (2010): Descartes' Irrtum: Fühlen, Denken und das menschliche Gehirn (6. Aufl.). Berlin: List.

Bates Worldwide (1980): Brand Wheel.

Chris Cillizza (2016): Hillary Clinton has a likability problem. Donald Trump has a likability epidemic, in: Blog »The Fix« Washington Post 16. Mai 201, siehe: https://www.washingtonpost.com/news/the-fix/wp/2016/05/16/hillary-clintons-long-lingering-likable-enough-problem/

Clorox (2017) Why does Clean matter?, siehe: https://youtu.be/DOOsMHB0FgI

Darwin, Charles (1859/2015): Entstehung der Arten. Perfect Library Taschenbuch.

Darwin, Charles (1872/2009): The Expression of the Emotions in Man and Animals. New York: Penguin Classics.

Ekman, Paul; Friesen, Wallace V. (1978): Facial Action Coding System: A Technique for the Measurement of Facial Movement. Consulting Psychologists Press.

Felser, Georg (2015): Werbe- und Konsumentenpsychologie (4. Aufl.). Springer, Heidelberg, Berlin.

Freud, Sigmund (1900/2011): Die Traumdeutung. Nikol Verlag.

Freud, Sigmund (1917): »Eine Schwierigkeit der Psychoanalyse«. In: Imago. Zeitschrift für Anwendung der Psychoanalyse auf die Geisteswissenschaften. Bd. V (1917). S. 1-7

Geiger, Thomas (2012): In Moskau haben protzige Autos immer Vorfahrt, in: Die Welt vom 2. September 2012.

Gigerenzer, G. (2008): Bauchentscheidungen: Die Intelligenz des Unbewussten und die Macht der Intuition. München: Goldmann.

Gladwell, Malcom (2011): Blink. The Power of Thinking Without Thinking. Penguin.

Gladwell, Malcom (2019): Talking to Strangers. What We Should Know about the People We Don't Know. Allen Lane.

Gray, Thomas (1768): Poems. London: J. Dodsley. S. 17-25. (»Where ignorance is bliss, 'tis folly to be wise«)

Eben Harrell (2019): Neuromarketing. What you need to know. Harvard Business Review vom 23. Januar 2019, Special Issue (Quelle zum Zitat von Brian Knutson).

Häusel, Hans-Georg (2007): Neuromarketing – Erkenntnisse der Hirnforschung für Markenführung, Werbung und Verkauf. Freiburg im Breisgau: Haufe.

Heinroth, Oskar (1910): Verhandlungen des 5. Internationalen Ornithologen-Kongresses in Berlin, 30 Mai bis 4. Juni. 1910, ed. Herman Schalow, S. 589-702

Kahneman, Daniel (2011): Thinking fast and slow. Allen Lane, London.

Kahneman, Daniel; Tversky, Amos (Hrsg.) (2000): Choices, values and frames. Cambridge University Press, Cambridge.

Kahneman, Daniel; Tversky, Amos (1979): Prospect Theory: An analysis of decision under risk, in: Econometrica, 1979/47, S. 263-292.

Keller, Bernhard; Klein, Hans-Werner; Tuschl, Stefan (Hrsg.) (2015): Zukunft der Marktforschung – Entwicklungschancen in Zeiten von Social Media und Big Data. Springer Gabler, Wiesbaden.

Kotler, Philip; Armstrong, Gary; Saunders, John; Wong, Veronica (2002): Grundlagen des Marketing (2. Aufl.). Pearson Studium: München.

Kroeber-Riel, Werner; Weinberg, Peter; Gröppel-Klein, Andrea (2013): Konsumentenverhalten (10. Aufl.). Vahlen, München.

Levitin, Daniel (2020): Memory need not fail us. *New York Times Print Edition*, 12. Januar 2020, S. SR9.

Meffert, Heribert (2018): Marketing: Grundlagen marktorientierter Unternehmensführung Konzepte – Instrumente – Praxisbeispiele (13. Aufl.), Springer Gabler.

Müller, Tina (2019) »Commerzbank zur Fußball-WM der Frauen: Mit Klischées aufräumen«, Handelsblatt 19.12.2019

Goethe, Johann Wolfgang von (1819): Brief an Friedrich von Müller, 24. April 1819. In: Gedenkausgabe der Werke, Briefe und Gespräche, Zürich und Stuttgart 1948 ff., Bd. 13, S. 142).

Hart, Peter D. (2015): The voters speak out: Expectations for 2016. Recording by Harvard Kennedy School Shorenstein Center vom 3. Februar 2015.

Mencken, Henry Louis (1917): »The Divine Afflatus«. In: *New York Evening Mail* vom 16. November 1917.

Hsu, Ming (2017). Neuromarketing: Inside the Mind of the Consumer. *California Management Review*, 59(4), S. 5-22.

Molcho, Samy (2019): Körpersprache. Goldmann.

Müller, Tina (2019): »Commerzbank zur Fußball-WM der Frauen: Mit Klischées aufräumen«, in: Handelsblatt vom 19. Dezember 2019.

Nietzsche, Friedrich (1886): »Menschliches, Allzumenschliches.«, Zweiter Band, Drittes Hauptstück: Das religiöse Leben, in: Werke in drei Bänden. München 1954, Band 1, S. 538-539.

Nørretranders, Tor (1999): The User Illusion: Cutting Consciousness Down to Size. Penguin Press Science.

Prinz, Wolfgang (2004): »Kritik des freien Willens: Bemerkungen über eine soziale Institution«. In: *Psychologische Rundschau*, 55(4), S. 198-206.

Rajita Sinha et al. (1992): »Cardiovascular differentation of emotion«, in: *Psychosomatic Medicine*, S. 422-435.

Rapailles, Clotaire (2015): The Global Code: How a New Culture of Universal Values Is Reshaping Business and Marketing. Macmillan.

Sartre, Jean-Paul (1987): Geschlossene Gesellschaft. Rowohlt Taschenbuch.

Scheier, Christian; Held, Dirk (2018). Wie Werbung wirkt: Erkenntnisse des Neuromarketing (3. Aufl.). Freiburg im Breisgau: Haufe.

Dickens, Charles (1843): A Christmas Carol in Prose, Being a Ghost-Story of Christmas. Chapman & Hall (Quelle für das Zitat von Ebenezer Scrooge).

Sartre, Jean-Paul: Huis Clos. Texte et documents. Éditions Klett.

Sharp, Byron (2010): How Brands Grow: What Marketers Don't Know. Oxford University Press.

Sinek, Simon (2011): Start with Why: How Great Leaders Inspire Everyone to Take Action. Penguin.

Slavik, Angelika (2019): »Kampagne des Jahres«, Süddeutsche Zeitung vom 25.05.2019.

Taleb, Nassim Nicholas (2007): The Black Swan. The Impact of the Highly Improbable. Random House.

The Coca-Cola Company: »The Story of One oft he Most Memorable Marketing Blunders Ever«. Siehe: https://www.coca-colacompany.com/news/the-story-of-one-of-the-most-memorable-marketing-blunders-ever

Tversky, Amos; Kahneman, Daniel (1974): Judgment under Uncertainty: Heuristics and Biases. In: *Science, New Series,* 185 (4157), S. 1124-1131.

Verir, Sunay; Schenkel, Carmen (2017): Die emotionale Tiefe flacher Bildschirme. Siehe: https://www.horizont.net/planung-analyse/nachrichten/Online-Special-Werbewirkung-Die-emotionale-Tiefe-flacher-Bildschirme-161731.

Wilson, Edward O. (2013): The Social Conquest of Earth. Norton & Company; Reprint Edition.

Zakaria, Fareed (2020): I thought Trump was winning the debate. But then I turned off the sound, in: Washington Post, siehe: https://www.washingtonpost.com/opinions/i-thought-trump-was-winning-the-debate-but-then-i-turned-off-the-sound/2020/10/01/a37ca28c-041a-11eb-b7ed-141dd88560ea_story.html

Stichwortverzeichnis

Die Autorinnen und Autoren

Die Geschäftsführung der Marktforschungsagentur *september Strategie & Forschung* (von links nach rechts: Markus Küppers, Carmen Schenkel und Oliver Spitzer)

Markus Küppers

Markus Küppers ist fasziniert von Geschichten und versteht sich seit vielen Jahren als Storyteller der menschlichen Psyche. Als geschäftsführender Partner der Marktforschungsagentur september Strategie & Forschung perfektioniert er die Anwendung des »Me & I«-Modells auf Marketing und Forschung und gilt als leidenschaftlicher Anwalt des inneren Kindes. Wenn er nicht gerade für deutsche und internationale Auftraggeber unterwegs ist, veröffentlicht er gerne Artikel und hält Vorträge über Trends und gesellschaftlichen Wandel. In seiner Freizeit spielt Küppers leidenschaftlich gerne Klavier.

Carmen Schenkel

Konsum- und Markenexpertin Carmen Schenkel sieht sich in der Rolle des »Alter Ego« der Verbraucher: Mittels der Verknüpfung von Tiefenpsychologie und Emotionsforschung arbeitet sie leidenschaftlich am emotionalen Kompass für Produkte und Marken, denn Werbewirkung ist für sie alles andere als ein Bauchgefühl. Neben ihrer Position als geschäftsführende Partnerin von september Strategie & Forschung ist Schenkel Mitglied des Beirats an der Hochschule Pforzheim. Sie wurde von w&v jüngst zu einem der 100 führenden Köpfe im Marketing gewählt. In ihrer Freizeit liebt sie es, ihren Garten umzugraben.

Oliver Spitzer

Oliver Spitzer ist nach einer Vergangenheit auf Agenturseite einer der führenden Emotionsforscher. Er weiß, was Menschen bewegt, bevor sie es selbst wissen. Als Experte für psychophysiologische Emotionsmessung in Kombination mit Tiefenpsychologie berät Spitzer seit vielen Jahren Kunden unterschiedlichster Branchen. Als geschäftsführender Partner des Instituts september Strategie & Forschung in Köln ist er ein gefragter Redner auf Kongressen in und außerhalb der Marktforschung. Seine Freizeit verbringt er gerne damit, Fleisch zur Perfektion zu grillen.

Mit digitalen Extras:

Exklusiv für Buchkäufer!

Ihre Arbeitshilfen zum Download:

- **http://mybook.haufe.de/**
- **Buchcode:** CCT-8478
